妈妈就是超级育儿师

0～3岁育儿心理与情绪管理

木 紫◎编著

中国妇女出版社

图书在版编目（CIP）数据

妈妈就是超级育儿师：0～3岁育儿心理与情绪管理/木紫编著.--北京：中国妇女出版社，2016.9

ISBN 978-7-5127-1321-5

Ⅰ.①妈…　Ⅱ.①木…　Ⅲ.①婴幼儿心理学　Ⅳ.①B844.11

中国版本图书馆CIP数据核字（2016）第156339号

妈妈就是超级育儿师——0～3岁育儿心理与情绪管理

作　　者：木　紫　编著
责任编辑：陈　元
封面设计：尚世视觉
责任印制：王卫东
出版发行：中国妇女出版社
地　　址：北京市东城区史家胡同甲24号　　邮政编码：100010
电　　话：（010）65133160（发行部）　　65133161（邮购）
网　　址：www.womenbooks.com.cn
经　　销：各地新华书店
印　　刷：北京通州皇家印刷厂
开　　本：165×235　1/16
印　　张：16
字　　数：200千字
版　　次：2016年9月第1版
印　　次：2016年9月第1次
书　　号：ISBN 978-7-5127-1321-5
定　　价：32.80元

前言 Preface

“妈妈+超级育儿师”这样的配置对宝宝来讲是多大的幸运啊，宝宝一出生就享受着满满的爱和科学的养育，为其一生的成长和发展奠定良好的基础。

情绪是对外部刺激事件广泛的、功能性的反应，暂时性地整合了生理、认知、现象和行为的渠道，以促进对当前环境形成一个提高适应性的、修饰环境的反应。培养孩子的情绪管理能力，提高情商，是社会化需要，有益于人格发展。

每一个情绪表现的背后都有着复杂的心理过程，妈妈必须懂得育儿心理，才能搞清孩子的认知、情绪情感、意志行为如何相互作用；当孩子出现哭闹、分离焦虑、发脾气、逆反、打人、情绪低落等问题时，才能给予恰当的抚慰和引导。

在孩子的成长过程中，除了吃饱、穿暖等物质需求外，还有很多精神需求，具体包括父母的陪伴、良好的情绪、社会交往、父母的支持和鼓励……这些需求获得很好的满足后，孩子往往会变得情绪积极、情感正向。

孩子是个丰富的个体，妈妈只有通过学习才能了解：孩子的气质类型，气质与孩子的情绪表达之间的关系，0～3岁孩子的成长任务，如何建立安全型依恋关系，通过孩子的情绪表现判定依恋类型，哪些情绪与孩子的自我发展有关，如何有效地鼓励孩子，如何培养孩子的意志力，怎样正确给孩子立规矩……这些都是育儿过程中非常关键的基础内容，妈妈只要掌握了它们，就能成为既爱孩子、更懂孩子的好妈妈。

《妈妈就是超级育儿师——0～3岁育儿心理与情绪管理》是为0～3岁孩子的妈妈量身定制的育儿书，既有科学的理论，又有先进的方法，最可贵的是能够启发妈妈深入思考、活学活用、发展创新，是一本让妈妈的教养更轻松、让孩子的成长更顺利的实用指南。

特别感谢王玉新、张志强、郗玉森、李祥仁、王玉芝、李松敏、魏庆丽、李进科、郗华民、张钊、张振忠、王锁娣在资料收集、文字整理等方面的大力支持。

木 紫

2016年5月

目录 Contents

Chapter 01
喂饱孩子的心灵，让他的内心更强大

Chapter 02
栽种积极情绪的根：自主、独立、自信

Chapter 04
带宝宝出去，多与人交往

Chapter 06
前道德阶段：宝宝如何习得规则

Chapter 07
礼貌、礼仪、安全、卫生意识启蒙期

Chapter 09
顺利入园，开心成长

Chapter 01 喂饱孩子的心灵，让他的内心更强大

3岁前，宝宝对爱的需求无比强烈，他们靠主要抚养人，主要是妈妈的爱建立生的自信，一天天强大起来后，从庞大的世界中分离出一个独特的自己。如何满足宝宝爱的需要？一定不仅仅是喂饱肚子，还包括很多科学的抚养方式。养对了，宝宝的内心就会变得强大，为其今后的幸福生活奠定基础。

宝贵的母婴连接

一段新生儿视频曾在社交网络上爆红，刚刚剖宫产的产妇躺在病床上，护士将新生儿抱到她的脸旁，小婴儿紧紧地抓住妈妈的脸躺在那里。护士要带他去洗澡，他更加使劲地抓住妈妈的脸，放声大哭。当护士再次松手时，小家伙又安静地躺在了妈妈身边，反复几次，躺在病床上的妈妈感动得流下了眼泪。

宝宝要和妈妈在一起，这个极度强烈的愿望给小生命带来了无限力量，紧紧抓住妈妈的脸，哇哇大哭以示抗议！

亲子之间最重要的情感基础：母婴连接

宝宝出生后，或早或迟地会表现出对妈妈的依恋。妈妈抱着宝宝，宝宝会睡得很踏实，脸上露出幸福的表情。长时间见不到妈妈，宝宝就会哇哇大哭，困极了也不睡。那么小的宝宝，何以有这么旺盛的精力？

在这个阶段，是脱离母体的宝宝和妈妈建立母婴连接的时期，这个连接是宝宝与妈妈之间亲情和紧密关系最重要的情感基础。宝宝本和妈妈一体，脱离母体后，会体验到一种强烈的分离焦虑，靠妈妈的陪伴、爱抚以及母乳喂养来恢复这种母婴的联系，逐步建立胎儿样的安全感。

宝宝想妈妈了，就会撇嘴、哭泣。这时，妈妈抱抱、亲亲、逗逗，宝宝就笑了。亲密接触可以有效安抚宝宝的情绪，让宝宝开心起来。妈妈及时地抚慰，宝宝感觉自己是被重视的，就愿意与外界建立联系。

在宝宝需要妈妈的时候，及时给予安抚，做出适宜的反应，宝宝就学会了求助。一个情感需要被妈妈充分满足的宝宝，接下来的爬行、站立等能力的发展也会很顺利。

很多幼儿发展专家经过研究发现，对于宝宝发出的情感需求信号，如果大人经常不能做出及时回应的话，宝宝找不到安慰源，逐渐就会萌发出一种失望与不信任的情绪。

英国教育家斯宾塞说："事实证明，如果对自己的孩子多一些拥抱、抚摸，有时甚至是亲昵地拍打几下，孩子在对外交往以及智力、情感上都会更健康。"

☆ 一出生，就和他亲密接触吧

诺贝尔和平奖获得者特蕾莎修女说："除了贫穷和饥饿，世界上最大的问题是孤独和冷漠。"孩子需要父母足够的拥抱和抚摸，如果得不到满足，孩子会因为情感空虚而感到孤独，可能变得抑郁、颓废、委屈，甚至愤怒。

心理学家米拉尔德说："被拥抱和触摸的感觉可使孩子充满活力，并使大脑兴奋和抑制协调，促进大脑发育，提高智商，使他的心态平衡。触摸还可以减少或解除孩子的紧张感、疲劳感和疼痛感。这种天生的情感在孩子长大之后也会感受到。"

妈妈和宝宝亲密接触常见的方式主要有以下几种：

1. 给宝宝一个健康的吻

抱宝宝时，家长不要与宝宝靠得太紧，大人身上及口腔的病菌很容易对宝宝的娇嫩皮肤构成威胁。

小宝宝非常可爱，大人见了忍不住要亲吻一下，但宝宝免疫力较低，如果大人不注意生活细节，很有可能对宝宝的健康造成威胁。

妈妈从外边回来，看到眼巴巴翘首的宝宝，忍不住了，带着浓妆凑了过去。化妆品中含有一些有害物质，它们很可能通过妈妈与宝宝的接触，导致宝宝出现接触性皮炎等病症。另外，患有感冒、口腔疾病、皮肤疱疹、腹泻等病的时候，为了避免传染给宝宝，大人千万不要亲吻或者和宝宝有太亲密的接触。

2. 和宝宝安全拥抱

对宝宝而言，妈妈的怀抱最温暖、最安全，妈妈一定要多抱抱宝宝。但是，抱宝宝是有讲究的，否则可能会出问题。新生儿虽然更需要妈妈的爱抚，但是不宜长期竖抱，否则可能会对宝宝的脊椎造成损伤。

宝宝哭闹、睡觉醒来的时候，妈妈会习惯性地抱着宝宝摇一摇，一定要掌控好力度，力度过大，可能会给宝宝带来伤害。

3. 多多抚摸

宝宝出生以前，生活在妈妈温暖、舒服的子宫里，在羊水中渐渐成长，出生后失去了这种环境，有时会莫明其妙地哭闹。妈妈抚摸宝宝的小手、小脚以及身体的其他部位，宝宝会感到温暖、舒适、放松和快乐。

4. 默默地陪伴

有经验的妈妈都知道，不论是宝宝玩耍还是睡觉，只要妈妈陪伴在身边，即使没有和他互动，他也会很开心、很踏实。

不良情绪影响孩子未来的成长与发展

硕硕的妈妈休完产假就上班了，硕硕由老人帮忙带，一直还算顺利。但是最近硕硕越来越难带，还特别逆反，双方老人都感到力不从心。硕硕的妈妈没办法，只好辞职自己带孩子。

不良情绪影响孩子的身心健康

不良情绪影响孩子的身心健康，导致其对社会的适应性差。3岁前，宝宝情绪调节能力不强，当出现恐惧、害怕、悲伤、愤怒、不安等情绪时，父母应及时关注，并帮助宝宝应对不良情绪。

根据心理学家埃里克森的社会心理发展理论，从孩子出生到2岁，如果父母培养不出孩子对这个世界的信任感，安全感不足，他们就可能无法与父母及他人建立相互信任的关系，无法表达和经营自己的情感。

孩子的不良情绪大多来自外界的不良刺激和父母不当的教养方式。

几乎所有的心理活动都受到情绪的影响，情绪影响行为，行为又反作用于情绪，形成认知。一个经常被不良情绪包围的孩子，在他的心目中这个世界不够好，缺少信任，其智商、情商发展受到限制，常常表现得不够自信、急躁、自我控制力差、容易冲动等，因此，父母在日常生活中要给孩子充分的爱和关注，让孩子获得足够的安全感，为良好人格的发展打下基础。

★ 爱让宝宝快乐成长

宝宝出生以后，爱是给予他们的最好的教养，能让他们感到快乐和满足。那么，3岁前，我们该怎么爱孩子呢？

1. 1岁前，要精心照顾宝宝

宝宝饿了、尿了、拉了、躺的姿势不舒服了……就会以身体语言或者哼哼唧唧的婴语向妈妈抗议，这时，妈妈要放下手头的事情，来到宝宝身边，满足他的需要。

2. 1岁前，宝宝最好一醒来就能见到妈妈

宝宝睡觉需要妈妈陪伴。妈妈要理解，即使要做别的事情，也要在宝宝入睡以后，而且在宝宝醒来前回到他身边。这样宝宝会有安全感，有助于下次安心入睡，并逐渐养成良好的睡眠习惯。

3. 建立关怀网络：不要只有一个主要抚养人

宝宝的关怀网络主要包括家人、朋友和其他稳定的照料人员。这样，当妈妈有事的时候，宝宝能开心地和另一个可以依赖、信任的人待在一起，不会焦虑、恐惧。

4. 不要对宝宝发脾气

妈妈及其他照料人员要学会控制自己的情绪，接纳宝宝的成长行为，若有负面情绪，要等处理好、心情平复之后再来到宝宝身边。

5. 给宝宝高质量的陪伴

3岁前，宝宝非常渴望与妈妈亲密接触，无论是陪伴还是游戏，都会让他们内心温暖，充满安全感。可是有些妈妈觉得宝宝有人陪就好，为了躲清闲，把宝宝扔给爷爷奶奶或者保姆后就忙自己的了。对宝宝来讲，最高质量的爱，是被妈妈拥抱、爱抚，和妈妈一起游戏、唱歌、看绘本等，因此，妈妈应该抽时间多陪伴宝宝，这样更有利于宝宝的成长。

6. 不要以担心的名义限制孩子的行为

1岁以后，孩子的活动能力增强，活动空间变大，活动欲望变强。但是，他们在进行各种活动的过程中，难免会磕碰身体，弄乱物品，这个时候，只要在安全范围内，父母就不要过多约束和限制孩子，让孩子在探索过程中提高自己的能力。

7. 带宝宝去与人交往

宝宝有归属与爱的需要，这份爱不光是父母之爱，还有来自社会的爱。带宝宝走出家门，走到小伙伴之中，积极地去交往吧！

8. 多带宝宝进行户外活动

在天气晴好的时候，妈妈带宝宝到外边跑跑跳跳，抓抓小草、玩玩沙子、拍拍球等，既能锻炼宝宝的运动能力，又能促进身体健康。

你是“婴儿车控型妈妈”吗

在小区甬路上、菜市场、公园里，被爷爷奶奶或者爸爸妈妈放在婴儿车里推着走的宝宝随处可见，有不到1岁不会走路的，也有两三岁大能跑能跳的。本是活泼淘气的年龄，却大部分都很听话地坐在婴儿车里。有的宝宝从车里站起来或者往外爬，想挣脱小车带来的安逸和束缚，家长黑脸：“这孩子，坐着还不老实，老实点儿！”被呵斥的宝宝开始哼唧，有的干脆大哭。

也会看到被妈妈抱着的宝宝，小手搂着妈妈的脖子，小脑袋四处看，比比画画，咿咿呀呀，妈妈应和着说几句，那是大风车，在发电；豆腐，是用豆子做成的。宝宝满足地重复妈妈的话。

讲到这里，问题来了，3岁以内的宝宝出行，是该坐在婴儿车里，还是被父母抱着呢？哪种方式更利于宝宝的心理健康呢？多个育儿论坛激烈争论过这个问题，有的觉得怎么都无所谓，有的觉得坐婴儿车好，有的觉得抱着好。

从成长发育的角度看，怎么做更利于宝宝良好发展呢？

婴儿车限制了什么

3岁前的宝宝，已经有一定的重量，妈妈抱在怀里会觉得很累，尤其是祖辈带孩子，就更抱不动了，于是，婴儿车就成了出行时的必需品。不管去哪里，不管宝宝是否愿意，家长都会把宝宝放进小车里推着走。

婴儿车虽然解放了家长的双手，但是，却无法成为妈妈怀抱的完美替代品。这是因为婴儿车有如下局限性：

1. 感受妈妈怀抱的温暖

宝宝对妈妈的依恋是最原始的本能，在子宫里感受着妈妈的心跳，内心无比平静。宝宝出生以后，他们特别依恋妈妈的怀抱。

小生命经历了与母亲身体的分离，要想很好地活下来，需要建立起对这个世界的信任。他们熟悉妈妈的心跳、气味，被妈妈抱着的时候，会有好的感觉，觉得这个世界是美好的、自己是被欢迎的，身体才能顺利生长发育。

2. 看妈妈的脸

妈妈抱着宝宝，宝宝可以看到妈妈的脸，和妈妈对视，这样可以减少他对陌生环境的恐惧感。3岁前，宝宝的认知处于感知觉阶段，具有主动性和选择性。宝宝喜欢看人脸图，和妈妈对视是一种情感交流，这种活动能让他感受到妈妈真挚的爱。

3. 宝宝的观察视野

妈妈抱着宝宝的时候，宝宝的目光可以和成人一样看得很远，而且可以自由转动上身去观察自己感兴趣的事物，有效地刺激了宝宝的感知觉，促进了宝宝的大脑发育，也有利于宝宝和他人互动。而坐在车里的宝宝看到的除了穿行的自行车、汽车，就是大人的腿，这些物品很难激发宝宝的兴趣，不利于宝宝的成长发育。

4. 呼吸新鲜空气

孩子坐在婴儿车里，头距离地面较近，很容易呼吸到地面上的灰尘，以及汽车、摩托车等车的尾气，而这些尾气中含有大量有害物质，容易引发呼吸道疾病。

5. 身体安全

宝宝在婴儿车里，有时会由于照顾者的疏忽大意，出现宝宝从婴儿车跌落等危险。

6. 宝宝的走路机会

很多宝宝八九个月以后，体重达到了10千克，抱起来很重！而宝宝的活动力增强，在家里待不住，总想往外跑。这种情况下，妈妈把宝宝放在婴儿车里推着走，虽然妈妈省劲儿了，但却减少了宝宝四处探索的机会，不利于其成长。

由此看来，婴儿车不能代替妈妈的怀抱，但是，有的时候抱着很不方便，那么，怎么做才能达到既方便了妈妈、又利于宝宝成长呢？

★ 巧妙安排，妈妈多抱或宝宝多走

宝宝出生以后，不仅通过看与听了解外部世界，丰富自己的大脑，还要通过闻、尝、触、摸、运动等来进行。在这个过程中，宝宝获得无穷乐趣，大脑获得发育，与此同时，加深了对自我独立性的认识。

放开孩子，让他们的身体获得自由，让他们的四肢活动起来，会更利于其成长。

1. 不会走时，婴儿车怎么用

当宝宝不会走的时候，妈妈可以选择用婴儿车推着宝宝走，边走边说，到了人多的地方，就把宝宝抱起来，坐在长椅上，和大家一起交流、玩耍。玩儿够了，要换地方，再把宝宝放进婴儿车，推着他走一走。

如果几个人一起带宝宝短暂外出，还是尽可能地抱着，这样更利于宝宝看到更多的风景：人脸、花草树木等。当然，如果是外出访友或者踏青等，就要备上婴儿车，父母累了、宝宝困了的时候，就把宝宝放进车里休息一会儿。

2. 和宝宝积极互动

有一种婴儿车的设计很特别，在车里孩子是面朝推车人坐着的，孩子随时可以看到自己的父母或其他照顾者，从而产生安全感和信任感，不容易被分离焦虑所困扰。

多逗逗宝宝，和宝宝说说话，给宝宝一个灿烂的笑容，较多的刺激会让他变得积极主动，向你做鬼脸、冲你笑一笑，就是对你最好的回报。

3. 宝宝会走了，就让他走

当宝宝会走了，就不再让他坐车，这样的方法很能锻炼他的行走能力。当宝宝爱上了行走以后，你想抱他，他都不愿意。哒哒哒跑得快着呢。只要宝宝养成了自己走的习惯，就不会动不动犯懒，让父母抱了。

如果妈妈带宝宝外出购物，最好用婴儿车推着宝宝，并带好水等物品，以便顺利地完成购物活动。

“坏”妈妈：无视宝宝的安慰物

嘉宝2岁半，有很多玩具，毛茸茸的兔子、可爱的长颈鹿、造型很萌的河马……好多好多，堆在家里，嘉宝不离手的却是一只憨憨的小灰熊。这个玩具是舅舅给他的。睡觉时小灰熊是一定要放在嘉宝床边的，有时连吃饭都要抱在怀里！

那天，嘉宝抱着小灰熊去公园玩儿，在草地上摸爬滚打，搞得很脏，回来后，妈妈把小灰熊放在了鞋架上，准备明天洗一洗。妈妈忙完了家务，看到小灰熊已经躺在了嘉宝枕边！趁着嘉宝不注意，妈妈拿起来，想放到床头柜上。嘉宝大喊：“拿来，不许到处放！”

几天后，嘉宝对妈妈说：“妈妈，如果你爱我，就应该爱我的小灰熊！它是我的宝贝！”

安慰物是宝宝最亲密的朋友

宝宝对这个世界的热爱，是从对妈妈、爸爸等主要抚养人，到对周围环境，对某些或某个物品的熟悉和喜欢开始的。安慰物对宝宝来讲是个特别的存在，它可能是宝宝经常使用的一块毛巾、经常玩儿的一个玩具、妈妈身上的某个部位、天天枕着的一个枕头……在一定阶段内，安慰物是宝宝必不可少的陪伴者、倾听者，能够让情感上具有依赖性的宝宝内心感到安全，很好地实现独立。

宝宝产生依恋行为大多发生在6个月～3岁，2岁时往往最为强烈。如果一直由妈妈陪伴，宝宝的安全感建立得特别好，恋物情结可能比较轻甚至没有。相反，如果宝宝6个月的时候妈妈就出去工作了，早出晚归，宝宝没醒妈妈就走了，等妈妈回来的时候宝宝已经睡了，那么，宝宝对妈妈的依恋就会转移到某个物品上，以此来克服内心的焦虑，使内心感到平静和放松。

聪明的妈妈理解宝宝的内心，会给宝宝准备一个玩具，当自己离开的时候，就让宝宝抱着玩具，出门玩耍的时候也让宝宝带上玩具，这样，宝宝就会大大减轻因思念妈妈而产生的紧张、烦躁情绪，避免产生不安全的感觉。

当然，这并不是说，我们准备了安慰物，就可以不跟宝宝亲昵、不理会宝宝的情感需要。对孩子来讲，安慰物只是父母离开时的一个慰藉物，并不能代替父母来爱他们。我见过一个宝宝，妈妈工作忙，给他买了很多玩具，宝宝把对妈妈的爱转移到了一只小猴子身上，一分钟都不能离开小猴子，否则就会神经紧张，哭闹不已。这样的情况可能会导致宝宝将来难以舍弃安慰物，影响其身心独立。

有的妈妈无视宝宝的安慰物，这在宝宝看来是一种伤害行为，宝宝会不开心。在宝宝眼里，世间万物都有生命、有情感，需要爱惜。重视宝宝的安慰物，不要随便乱扔，这也是对宝宝的尊重。

★ 引导宝宝恰当地“恋物”

什么叫恰当地“恋物”？简单来说，安慰物能够陪伴宝宝，慰藉宝宝的心灵，不会引发其他的成长问题，等宝宝内心足够强大后，就能看淡安慰物。那么，怎么才能做到这一点呢？

1. 找到适合宝宝性别特征的可恋之物

在0～3岁的宝宝眼里，玩具是他们的小伙伴，能够陪他们一起玩儿。在玩具中，那些柔软的、毛茸茸的小动物玩具更贴近现实，等宝宝长大了，更容易把这份对玩具的依恋转移到对真实动物的保护和喜爱上来，所以，动物玩具更适宜做安慰物。

欣欣有一件心爱的玩具，是妈妈亲手做的小玩偶。玩儿了几年，小玩偶旧了，欣欣依然爱不释手，每天晚上都会抱着小玩偶入睡。欣欣把小玩偶当成了妈妈的替身，妈妈不在身边的时候，有小玩偶陪伴，欣欣就不寂寞了。

男孩的玩具可以是小熊、小狗等，女孩的玩具可以是小兔子、白雪公主等。

2. 避免让宝宝恋上成人身体的某个部位

妈妈出差的时候，阳阳跟奶奶睡了一段时间，那段时间为了哄阳阳入睡，奶奶会跟他玩儿一种摸耳朵的游戏，自此，阳阳养成了睡前摸耳朵的习惯。妈妈不在身边，奶奶为了安慰阳阳，就任由阳阳摸着耳朵睡觉。妈妈回来后，阳阳回到妈妈身边，每天睡觉的时候一定要摸着妈妈的耳朵，不让摸就哭，半夜里阳阳翻个身也要摸一下妈妈的耳朵在不在，搞得妈妈很无奈。

为了防止这种情况出现，我们要避免让宝宝恋上成人身体的某个部位，否则，不但当时不舒服，还可能导致将来的不方便。比如，有个女孩说，她从小摸着奶奶的胳膊睡觉，读中学以后要住宿，没有胳膊可摸就会失眠。

拿到就“吃”

宝宝吃手、啃脚丫、咬玩具，总之只要在手边的东西，拿得起来，他们都有可能送进嘴里“尝一尝”。这类事件对任何一位妈妈来讲都不陌生，她们知道这是宝宝这个成长阶段的发育特点，但是从健康的角度来看，如果把细菌吃进肚子里，生病了可不好！于是，很多妈妈阻止宝宝把手或其他物品往嘴里放。

妈妈这样做，到底好不好呢？真的需要细细分析、权衡利弊，才能得出结论。

口欲期抚养原则：满足宝宝的口欲

当小宝宝开始吃手，并逐渐发展到把脚丫、能够拿到的物品往嘴里塞的时候，我们该怎么办呢？阻止宝宝这样做，还是想办法满足宝宝的口欲？

要想处理好这个问题，我们先要认识一下这个阶段宝宝的成长特点和发展任务。

精神分析学派代表人物弗洛伊德认为每个人在童年都经历了一系列发展阶段，每一阶段的主要标志是最初的性敏感区，这些阶段会影响孩子的成年期人格，被称为心理性欲发展阶段。1岁以前是口唇期，这个阶段的性敏感区是口、唇、舌。我们必须满足宝宝的口欲需要，否则，宝宝可能会形成口唇期人格，具有口唇期人格的成年人往往会依赖别人、自我中心或者具有特别的攻击性、强求别人等，常常会表现出对婴儿期口唇满足的需要，比如，嗜烟酒、用手抠嘴、啃手指、啃笔头等。

发展心理学认为儿童的发展存在敏感期，在某个特定时间段内，儿童学习某种知识、掌握某种技能比较容易，如果错过了敏感期，学习起来比较困难，发展也相对缓慢。

当孩子进入口的敏感期后，他通过品尝自己的手、脚来认识这些器官，唤醒它们的功能，通过品尝一些物品来认识世界，搞清哪些物品可以吃、哪些物品不可以吃，同时，在这个过程中感受口的能力、完善口的功能。如果妈妈嫌脏、怕传播疾病，不让宝宝将各种物品往嘴里送，宝宝在口的敏感期没有得到足够的支持，就会导致口的敏感期延迟或者无法结束。具体表现为，宝宝到了五六岁还吃手、咬指甲等。这可能就是因为在口的敏感期我们阻止或者没有满足宝宝的口欲导致的。

有关专家指出："这个阶段的宝宝吃手，只有好处没有坏处。吃手可以训练他的手眼协调能力，培养他的自我认知能力和运动能力。"我们没有必要对宝宝的吃手及其他的吸吮行为太过反感。

如果我们足够细心会发现，当妈妈和宝宝玩儿的时候，他较少把手放进嘴里，当妈妈不在宝宝身边，宝宝独自躺着时，会把手指放进嘴里。这是因为一方面，吃手能给宝宝带来舒适感，降低焦虑情绪；另一方面，宝宝出生后，本来就有吸吮的反射和需求，还需要继续适当满足。一般来说，宝宝在恒齿长出来之前，吮手指的行为只要不过度就是可以被接受的，并不需要刻意改掉。到1岁左右，大多数宝宝的吮手指习惯就会消失，到4岁之后，可能会偶尔吮指，如果此时吮指很频繁的话，就需要帮助宝宝改掉。

★巧妙引导，帮助宝宝度过口欲期

口欲期是宝宝人格结构建构的关键期，宝宝通过品尝来认识世界、认识自己、发展自身能力，每位妈妈都要帮助宝宝顺利度过口欲期。

1. 给宝宝创造一个安全的环境

对于小宝宝来讲，所谓的安全环境就是洗干净宝宝的手指，同时，保持周围环境的清洁，这样，宝宝的小手能够保持清洁，就不容易把脏东西吃进嘴里了。

当宝宝从吃手发展到品尝周围物品的时候，我们就需要仔细检查周围的环境，要拿走有毒、有害的物品，更要清理掉容易噎住宝宝的小物品。

2. 巧用安抚奶嘴

安抚奶嘴对满足宝宝的口欲是个不错的选择，但是，到了1岁左右，就应该引导宝宝逐渐脱离对奶嘴的依恋，否则可能会影响牙齿的发育。具体方法是，不要让宝宝含着奶嘴睡觉，喂奶后喂少量白开水等。

3. 绝不武断禁止宝宝的啃咬行为

当宝宝有了啃咬行为的时候，我们先要观察一下宝宝啃咬的是什么，如果对他没有伤害，就不要武断地禁止宝宝吸吮或者啃咬。一旦发现宝宝啃咬的是有危险的物品，也不要大呼小叫，而是立即默默拿开，擦干净宝宝的嘴和手后，给宝宝一些可以啃咬的食物或者安抚奶嘴。

4. 4岁以后，要转移注意力

一般来说，4岁之前的宝宝偶尔有吮手指的行为并不影响其身心发展，但是如果4岁的宝宝频繁地吮手指甚至伤及皮肤，那么，妈妈就要想办法转移宝宝的注意力。

怎么做呢？比如，宝宝困了之前，妈妈陪宝宝玩儿一会儿，给宝宝讲故事；宝宝玩儿够了，妈妈可以带宝宝出去走一走。总之，不要让宝宝有独处的寂寞时光，他就不容易吃手了。

安全型依恋：打下积极人生的基础

苗苗2岁半了，特别黏妈妈，人称“小跟屁虫”！妈妈走到哪儿她跟到哪儿，玩儿着玩儿着，如果见不到妈妈了，就会号啕大哭！

婴儿社会化发展水平：看三种依恋类型

孩子的成长是一个社会化的过程，依恋是社会化过程中的一个阶段性表现。依恋是婴儿与主要抚养者（通常是妈妈）之间最初的社会性联结，也是婴儿情感社会化的重要标志。一般发生在婴儿经常接触、关系最密切的人之间。不同的孩子生长在不同的家庭，他们的主要抚养人对待孩子的方式不一样，亲子之间的依恋关系也不一样。

20世纪70年代末，一位叫安斯沃斯的心理学家用“陌生情境法”对婴幼儿的依恋做出了研究，选择的被试是2岁以内的婴幼儿。

测验的方法和步骤：

第一步，让妈妈与宝宝一起进入一间有玩具的房间，然后妈妈鼓励宝宝玩玩具和探索环境。当宝宝玩耍的时候，妈妈陪伴在身边。

第二步，进来一个陌生人，先是保持沉默，再与妈妈交谈，然后接近宝宝。

第三步，妈妈离开，宝宝产生分离焦虑，陌生人努力安慰和引导宝宝继续玩儿。

第四步，妈妈重新回到宝宝身边。

通过对众多孩子行为的观察、记录、分析，安斯沃斯将婴幼儿的依恋分成三种类型：安全型依恋、反抗型依恋与回避型依恋。三种依恋关系的核心都是依恋，但反映出的孩子的人格特点、行为表现却完全不同。

安全型依恋的孩子对和父母的分离表示伤感，但并没有强烈的分离焦虑；他们将妈妈视为安全基地，有妈妈在他们就感到非常安全，即使进入陌生的环境也能情绪稳定、积极探索，当妈妈离开或者陌生人进来的时候都没有强烈的不安全反应。

反抗型依恋的孩子缺乏安全感，时刻警惕妈妈的离开，即使妈妈在的时候玩耍也不尽兴，妈妈离开时会表现出极度的伤感和焦虑；与父母团聚时表现出寻求亲近与拒绝交流两种相互矛盾的行为。

回避型依恋的孩子在陌生的环境中能自主地探索和游戏，父母在场或者离开都无所谓，自己玩儿自己的。和反抗型依恋相比，回避型依恋是一种更加糟糕的依恋，孩子没有和妈妈形成特别亲密的感情链接，被称为无依恋婴儿。

最理想的依恋关系是安全型依恋，这样的孩子在成人后具有高自尊，乐观、自信，能够与人建立信任而持久的人际关系，善于寻求社会支持，并具有良好的与他人分享的能力。他们在情绪情感、性格、人际交往等方面都很有能力，社会适应性比较强，更容易享有成功的人生。

★和宝宝建立安全型依恋关系

从健康成长的角度来讲，“安全型依恋”关系是更好的社会化关系的开始，那么，我们怎么做才能和宝宝建立起“安全型依恋”关系呢?

1. 喜欢与孩子密切的身体接触

对于小宝宝来讲，父母和他们肌肤的亲密接触能够让他们感受到爱，他们会觉得自己所处的环境是安全的。孩子通过对父母行为的感知来感受爱，当父母经常亲吻、拥抱孩子，孩子就能感受到爱。

2. 用积极的情感传递爱

妈妈保持平和的心态，遇事不偏激、不焦虑、不惊慌，宝宝也因此能够感受到一个祥和、平静的氛围，他们会觉得自己生活的环境是充满友爱的，内心就不会惶恐。平时，宝宝有了精彩的表现，妈妈要多冲着宝宝微笑；宝宝表现得特别懂事的时候，抚摸宝宝的头；宝宝有了可爱的举动，跟宝宝贴贴脸；等等。如果能够再适时地赞美几声，宝宝内心的感觉就更好了。比如，说一句：“我爱你，宝贝！”“宝贝，很懂事啊！都知道心疼妈妈了！”

3. 迅速回应宝宝的需要

不管是生理需要还是精神需要，如果我们能够积极回应，那么，宝宝就不会产生消极体验，即使有了恐惧、紧张、不适等负面情绪，也能快速地缓解或者消除。

4. 鼓励孩子的探索行为

宝宝好动，渴望探索新奇的世界，如果我们满足了宝宝的这一成长需要，多带宝宝到外面的世界去玩耍，容忍宝宝搞破坏、淘气，那么，宝宝的内心就会感到无比的幸福。

5. 及时检验自己的教养方式

宝宝和妈妈建立的是什么类型的依恋关系，是可以检验出来的。

让孩子置身于有陌生人的情境中，通过观察孩子的反应，来判断孩子的依恋类型。一般情况下，当孩子只是带有警惕性地观察环境，甚至有不安、惶恐出现，还哭泣了，但是一会儿就好了，自己玩儿了起来。妈妈来的时候，能够去妈妈那里寻求安慰，然后接着玩儿，就是安全型依恋了。如果孩子没有构建起坚固的安全型依恋，那么，就多给孩子一些关爱、多陪孩子玩耍，以增进亲子之情。

不要偷偷开溜

产假结束了，妈妈要恢复工作。看看每日相伴的小宝宝，还没离开，心就碎了！分别十多个小时，宝宝得哭成什么样呢？

第一天，妈妈换上衣服，趁宝宝和奶奶玩儿的时候走了。奶奶后来说，当宝宝发现妈妈不见了后，大哭了一场！第二天，妈妈如法炮制，成功脱身！

几天后，情况大变，宝宝有了觉察，一直黏在妈妈身上，妈妈不容易脱身了。好不容易走开一会儿，只要妈妈换衣服，宝宝就开始惊天动地地大哭。

最后，妈妈是在宝宝的哭声中走出家门的。一路上，妈妈眼前都是宝宝的哭脸，自己心里也很难过，怎么办呢？

开溜不如大方离开

当下，有的妈妈为了避免看到和宝宝分别时宝宝大哭大闹的情景，会趁着宝宝不注意偷偷开溜，以便减少内心的焦虑。无数事实证明，开溜几次后，并不能消除宝宝的分离焦虑，接受和妈妈的分离。有的宝宝大哭大闹后，还可能生病。

趁宝宝不注意溜掉，其实是一种不负责任的做法。妈妈当然知道宝宝看不到自己会哭泣，只是为了避免自己难过、焦虑，就把难题甩给了新的照顾者。

受苦的还有孩子，妈妈突然消失，孩子想不明白是怎么回事，会恐慌和不安，妈妈去了哪里？为什么离开呢？即使大人跟他们讲，他们也未必能真正理解，反而会产生失望情绪。

如果没有锻炼宝宝坦然面对妈妈离开的能力，宝宝就无法获得真正的成长。一些安全感建立得并不好的宝宝，妈妈离开后，一整天都快乐不起来，甚至哭闹严重，无法接纳他人的抚慰，其身体、智力、个性和社会适应性的发展带来不良影响。

★ 妈妈顺利离开的几个方法

现实中，全职妈妈很少，大部分年轻女性生完宝宝后要出去工作，发展事业。如何才能和宝宝顺利地分离呢？

1. 不要一个人带宝宝

一个人带大的宝宝较“独”，妈妈快上班前，要有意识地让宝宝和后来的照顾者多待在一起，以便建立感情，与照顾者的关系更加亲密。

2. 选择一个好的照顾者

新的照顾者要选择带过宝宝、有经验的人，有责任心、爱心是个特别关键的条件。

曾经听到这么一个故事。

有位妈妈要去上班，老公的表妹来照顾宝宝，这个表妹二十几岁，贪玩儿，爱看电视。哥哥、嫂子上班走了后，她就把电视打开，看到兴头上，忘了给宝宝喂奶，饿得宝宝哇哇大哭！

妈妈需要离开，谁来接替妈妈照顾宝宝，一定要找好合适人选。

3. 铺垫不要做太久

有的妈妈做事磨蹭，出发前，干这个干那个，折腾一两个小时也不离开。孩子沉浸在妈妈营造的紧张气氛中，备感焦虑。

该准备的东西提前准备好，要出发了，果断地和宝宝道别，弱化了分别事件，反倒不会引起宝宝过多的注意。妈妈离开后，宝宝心理波动相对较小。

4. 大大方方地离开

在宝宝和新的照顾者熟悉起来后，妈妈郑重地抱起宝宝，告诉他，妈妈要去工作，宝宝要听奶奶的话，奶奶也很爱宝宝，会把宝宝照顾得很好，妈妈下班了就赶紧回来。

妈妈亲亲宝宝，让宝宝亲亲妈妈，果断地跟宝宝说再见。下班后，第一时间赶回来。妈妈抱着宝宝，说，妈妈现在下班了，可以跟宝宝在一起了。

有一位妈妈采用了“问题解决策略”，很轻松地就战胜了分离焦虑。这位妈妈第一天上班的时候，场面也很“惨烈”，宝宝伸着胳膊让妈妈抱，很快哭得稀里哗啦，妈妈虽然很心酸，但始终保持微笑，对宝宝说：“妈妈去上班，下午5点就回来！”她亲了亲宝宝，忍着眼泪就走了。几次之后，这个过程用的时间变短了，宝宝也不哭了。妈妈收拾妥当后，就跟宝宝告别，宝宝似乎很期待这一幕，和妈妈亲亲后，还摇着小手跟妈妈告别，后来，宝宝还会主动说：“妈妈开车慢点儿！下班早点儿回来！”

这样一个大大方方的分别仪式，会让宝宝逐渐明白，妈妈去工作了，还会回来。妈妈说话算话！起初，宝宝会哭，慢慢地，他就从情绪上接受了妈妈有一段时间不在的事实，而不会有“我被妈妈抛弃了”的惊惧，哭闹也会越来越少。

关注，你给了宝宝多少

平平出生以后，妈妈就患了产后抑郁症，精神很差，对宝宝很淡漠。刚开始，宝宝得不到充分关注会哭泣，眼睛会追随妈妈的背影，妈妈没有回应，宝宝就只是躺着。后来，宝宝对外界刺激反应很慢，很少微笑，喜欢默默地躺在奶奶怀里。

被关注的宝宝能够顺利成长

宝宝需要父母的关注，关注越多，宝宝成长得越好。如果父母忽略了宝宝的存在，他们会做出一些离谱的事情来吸引父母的关注。

耀耀特别想让妈妈陪他玩小汽车，可是，妈妈坐在电脑前，不停地敲敲打打，连看都不看他一眼。他尖叫，妈妈不理会；他故意光脚从沙发上跳下来，妈妈还是不理会；他趴在地上，悄悄地爬到电脑桌底下，按下了插板上的按钮，瞬间，电脑黑屏了！

这个时候，妈妈不要恼火，应该自我反省，是不是对宝宝不够关注？多久没和宝宝一起玩儿了？多久没对宝宝增长的新本领赞赏过了……

孩子长期以来得到高质量的关怀、鼓励及指导，会对外部刺激表现出更强的注意力，对自己能够做的事表现出更大的兴趣，当他们感受到自己是生活的积极参与者时会非常兴奋。从小受到充分关注的孩子，更能成长为成功的、适应力强的人。如果孩子长期缺乏这些基本的要素，将给他们的身心造成严重的伤害。

王伯是一位将近50岁的男人，身体健壮，也很有能力，人生却不怎么成功。日常生活，还需要七十多岁的妈妈接济才不会捉襟见肘。虽然王伯收入不高，却喜欢与朋友喝酒，大部分时间是他请客。早年，王伯的妈妈来到城市，把他放在了姥姥家，童年缺少专注与鼓励是王伯缺少自信、喜欢讨好别人的重要因素。

父母总是为孩子考虑周到，孩子有什么反应都会积极响应，给予鼓励，这样的孩子发展情况会更好。

☆ 3岁前，如何关注宝宝

关注孩子，是一种良好的教育方式。父母了解得越多，越能发现并欣赏孩子的个性，并为孩子良好个性的发展创造条件。

1. 真正重视：关注就是教育

当宝宝做出某些行为，即使呢喃了几句，你回应几声，也是很好的教育。宝宝的自我感觉正在发展，父母的关注有助于他们建构积极的自我能力和价值评价。关注孩子就是给孩子积极的教育，肯定他的成长。

2. 关注孩子日常生活的点点滴滴

对于一两岁的宝宝来讲，不会因为父母的过分关注而变得骄横霸道、任性无礼。尽可能地关注宝宝生活的点点滴滴，宝宝拿不起重物，伸出大手帮助宝宝提起来；宝宝想让妈妈陪着睡，就牺牲一些时间，躺到宝宝身边，等宝宝入睡后再去做其他的事；宝宝喊妈妈出去玩儿，妈妈应放下手中的工作，和宝宝一起出去；宝宝自己穿上了小袜子，妈妈应鼓励几句……

时不时地对宝宝的行为给予回应，宝宝感到自己被关注，内心会无比满足。

3. 赞美宝宝的好行为

当宝宝做了一个好行为，父母给予赞美，就强化了宝宝这样的行为。

什么是好行为？就是利于宝宝身心发育的行为。对于小宝宝来讲，拿笔涂鸦，把盒子里的棉签倒出来再一根一根捡起来，聚精会神地玩沙土，很安静地吃完一餐饭，都是好行为。

宝宝懂得了好行为会获得赞美，就会不断做出好行为来引起父母的关注。一个经常做好事的孩子，其情绪、思维、社会交往等各方面往往都有较好的表现。

宝宝大喊：就不、我能行

宝宝坐在爬行垫上玩积木，垒起来，推倒了，再垒起来，尖叫着，又推倒了，小嘴噘着，看起来很不开心，没有达到自己的要求！妈妈远远地看了一会儿，弄明白了，原来有一块积木用错了，不能再往高处垒，儿子才推倒了积木。

妈妈说："你这块积木不能用方的，用长条的就能垒高一些了！来，我帮你！"儿子哇地哭了："不玩儿了！谁要你帮！我自己行！"儿子站起来，积木弄得到处都是。

宝宝的独立宣言：我能行

在3岁左右，孩子的自我意识进一步发展。他们开始用抗拒和拒绝别人的方式有意识地练习使用自己的意志，喜欢用说"不"的方式来显示自己的强大。"不"这个声音让他们感到快乐、陶醉。有时，不管和谁在一起，也不管对方喜欢不喜欢、愿意不愿意，孩子都会用"不"来回答。

为什么孩子热衷于说"不"呢？这跟孩子的心理发展阶段有关。随着宝宝能走会跑，能做一些事情后，心中有个声音在呐喊：我长大了！他们强烈地要求独立，构建自己能够主宰的疆域。自己的事情要自己做，面对妈妈的安排，他们大声拒绝。

第一反抗期是孩子自我意识迅速成长的阶段，在这之前，孩子基本上没有自我意识，他们总是把自己和周围的事物混为一体。随着孩子语言能力和运动能力的发展，与周围环境的接触越来越多，自我意识进一步发展。大概在1岁半以后，他们能够把自己当作主体来认知，他们学会了用“我”“我的”“你”“他”来表达自己的愿望和要求，区分自己和他人。

孩子要求按自己的方式行动，不愿意让别人来干涉他们的事情。当孩子的主观意志受到阻碍后，他们往往会表现得非常执拗、任性。

家长一定要明白，不是孩子的性格执拗、任性，而是他们在用这种方式向外界宣告：我独立了！满足孩子的独立需要，给他们做事的机会，他们就很少会执拗、任性了。

☆ 尊重宝宝的独立需要，他们才不逆反

宝宝遵循内在秩序发展，他们渴望独立的时候，我们就需要给他们一个尽情挥洒自我的环境，只有让他们感受独立，他们才会好好成长，不会逆反。

1. 转换思维视角，易于接纳

妈妈认为宝宝做不好，需要我指点，当孩子想自己做事的时候，妈妈会觉得宝宝不听话，认为宝宝很逆反。

换个角度思考，宝宝长大了，能做一些事情了，他们想自己做。这是宝宝的权利，妈妈要配合，要放手，给宝宝提供自我成长的机会。

2. 不限制宝宝的行为

1岁左右，宝宝开始拿起自己的衣服往身上披，动作有些不熟练；到了2岁左右，他们就要抢过妈妈手里的袜子、裤子，打算试着

自己穿。虽然有时会把袜子底穿在上面，歪歪扭扭，两条腿伸进了一个裤腿里，但不管多么赶时间，妈妈最好都不要代劳，而是教给宝宝正确的穿衣、穿袜的方法。

看着妈妈擦地，宝宝也要干，拿起擦嘴的小手绢就擦，这时，妈妈可以给宝宝找一块抹布，递给他，换下小手绢，夸奖几句："宝宝真懂事，能帮妈妈擦地了！"你会看到宝宝满脸的笑意，干起来更起劲儿了。

3. 尽可能不介入宝宝的事情

宝宝玩耍的时候，不想被别人打扰。这个时候，如果没有危险，不会出现伤害，即使宝宝遇到了困难，也要等宝宝寻求帮助的时候，妈妈再出手帮助。

4. 提前让宝宝选择

大冬天，宝宝渴了，要喝饮料，而且要去冰箱拿。这个时候，你可以问宝宝："妈妈有刚煮好的水果饮料，里面有梨、山楂，还有你最喜欢吃的苹果，你要喝哪种？"一般情况下，宝宝禁不住美食的诱惑，还可以自己选择，往往会接受妈妈的建议。

小小人，有自尊

一天，一群孩子在妈妈们的陪伴下一起玩儿。大家玩儿得正高兴，突然一个女孩不小心摔倒了，她的妈妈见状没有安慰她，反而责怪她不小心，动作笨。这个小女孩见大家都围过来看她，哭了起来。

自尊是心理健康的核心

自尊心与生俱来，伴随生命开始的第一声啼哭，便有了对生的维护和发展。生的本能指挥着小宝宝进行自我保护，让自我变得更加强大。有一个积极的自我评价，激励适当的行为，抑制不恰当的行为，成为一个拥有高尚人格的人。

当孩子觉得自己很棒，有能力，就会产生积极的自我体验，就拥有了独立型自尊；进而觉得自己是有价值的、是被爱的，确信能够凭借自己的努力去追求和实现自己的抱负，就有了至高无上的无条件自尊。

一个人看低自己，就会自卑；看高自己，就会自大。自卑有时会表现为自轻，但更多的时候却表现为自大，这是因太过在意别人对自己的评价、担心自己表现不够好而做出的一种自我保护反应，所以才会需要不断地通过与他人比较以及压倒他人来衡量、确信自己的价值。

认为自己不够好，感觉不到充分的自我价值，就会自卑，对自己的能力有过度膨胀的看法，例如优越感、自恋，或以自我为中心，就会自负。

真正的自尊并不意味着完美或第一名，它是指用一种积极和真实的态度看待自己。真正自尊、自信的孩子不会强求世界围绕他们而转，即使自己只是浩瀚银河中的一颗小星星，仍然在意自身的价值。这样的人能够从小时候的依赖型自尊发展到独立型自尊，最后形成无条件自尊。

无条件自尊是自尊的最高境界，这样的人遵从内心，不在乎别人怎么评价，也不在乎眼下的好坏，会为实现心中的目标努力奋斗。

☆ 发展、强化宝宝的自尊心

自尊是心理健康的核心，要培养一个心理健康的孩子，呵护并发展宝宝的自尊心至关重要。

1.3岁前，给宝宝无条件的爱

刚出生的宝宝，需要无条件的爱。3岁前，好好爱宝宝，满足他的物质和精神需要，不向孩子提过高的要求，不指望他将来成为什么样的人，只要开心地生活，对这个世界就会有一种信任感，那是一种可以深刻体验的内心稳定的幸福感，是自尊的基础和核心。

当孩子做错事情后，父母不发脾气，不吼叫，不打骂，陪在孩子左右，帮助孩子认识到错误，引导他做出正确的行为。这样，宝宝才会视错误为成长路上的垫脚石，而不会因此看低自己。

2.让宝宝自由探索

发展自尊需要亲身体验。宝宝稍大一些后，我们会发现，即使妈妈陪在宝宝身边，满足他的一切需要，如果不给他自由活动的时间，不带他出去玩儿，宝宝的身体发育就会变慢，精神也不够愉悦。

宝宝能自由活动后，就顽皮起来了。什么都要摸，什么都要拿，还放在嘴里尝一尝，到处走，到处看，靠着各种活动促进身体成长、大脑发育、心理发展。满足宝宝的好奇心，让他自由探索，调动起身体的各个器官，去认识、去发现、去探索。

很多家长不忍看着宝宝跌倒、受伤，没关系，一些小伤、小挫折，正是锻炼宝宝心理能力的好机会。

美国临床心理学家亚伦·库珀说："当我们以守护自尊之名将孩子严密保护，其实孩子是在受害。要让孩子明白人生应当如此：我们不可能总是赢，也没必要事事都做得最好。"

不管做什么、玩什么，这个过程就是成长。

3. 赏识和鼓励，强化自尊

3岁以内的宝宝不但在生活上依赖父母，对世界的认识也要靠父母来引导。父母赞赏，他便认为好；父母厌恶，他就觉得糟糕。对于宝宝的行为，妈妈要多赞赏、少贬损，宝宝才不会看低自己。

心理学上有个著名实验，实验者把狗关在笼子里，装上了蜂鸣器，只要蜂鸣器一响，关在笼子里的狗就会被电击中。多次这样的实验后，狗变聪明了，只要蜂鸣器一响，狗就赶紧趴下。实验人员改变了实验过程，他们在对狗进行电击前，先把笼门打开，可是，等蜂鸣器一响，狗不但不逃反而不等电击出现就先倒在地上开始呻吟和颤抖。后来，人们把这种本来可以主动地逃避却绝望地等待痛苦来临的现象叫作习得性无助。习得性无助的个体经历了某种学习后，在情感、认知和行为上会表现出消极的心理状态。

宝宝有什么事情没有做好，一定不要斥责、贬低他，宝宝有了新的认识，增长了新的本领，改掉了某个坏毛病，妈妈要表示肯定，宝宝开心了，做事会更有积极性。宝宝看到自身的优点后，就会认可自己的行为，变得越来越自信。

Chapter 02
栽种积极情绪的根：自主、独立、自信

一个长期处于消极情绪体验中的孩子，自尊水平不高，容易自卑，探索欲望低，缺少积极主动性。如何让宝宝拥有更多的积极情绪，不悲观，不怯懦，这是从宝宝一出生父母就要着力做的事情。支持宝宝自主、独立、自信，栽种积极情绪的根，以后的教育就相对轻松了。

积极情绪缔造美好人生

耀耀是一名优秀的小学生，颜值高，成绩好，会画画，擅长运动，有男子汉气概，还很阳光！

有人问耀耀的妈妈："你怎么养育了这么一个好孩子？"妈妈说："在他小的时候，我就揣摩他的心思，满足他的心愿，不嫌烦，不嫌乱，只要他感到幸福、快乐，我就支持！"

妈妈还说："耀耀小的时候吃饭抢勺子，我就多买几个，我一个、他一个，饭也吃了，他也玩儿了，就是餐桌乱，多收拾一会儿不就好了吗……"

幸福等积极体验让宝宝快乐成长

3岁前，如果宝宝没有获得好的照料，生活不随心意，或者违背了宝宝心智发展的需要，宝宝会悲伤、痛苦、愤怒、恐惧、焦虑。一个长期处于消极情绪体验中的孩子，自尊水平不高，容易自卑，探索欲望低，缺少积极主动性。

幸福、爱慕、快乐、希望、同情、自豪、感激等积极情绪，能令生活获得充实的情感，如乐观、友爱、满足、拼搏、进取、勇敢、自信、独立等。

当人们感到幸福时，他们会做什么？他们会表现得更乐观，更有勇气与其他人交往，会更多地进行尝试，也能更加从容地面对威胁。

心理学上有个关于“杜乡微笑”的研究。“杜乡微笑”：脸颊鼓起、眼角出现皱纹、嘴巴微翘等面部要素，通常传达的是“真正的”积极情绪。在个人照中展示出较强的“杜乡微笑”的女性，她们的婚姻生活更幸福，离婚的可能性更小。在几十年后，她们对自己的竞争性和社会交往活跃性的评价比那些笑得比较“礼貌”或者根本没有笑容的女性更高。

通常情况下，幸福、快乐的人会比其他人更有竞争力，更有可能在未来的竞争中取得成功。

★ 3岁前，宝宝的积极体验来自安全感和自主性

3岁前的宝宝，生活、情感上对妈妈的依赖性都很强，要想让宝宝获得积极的情绪体验，妈妈的引导很关键。

1. 懂得情绪周期，在宝宝情绪低潮时多陪伴他

情绪周期是指一个人的情绪高潮和低潮的交替过程所经历的时间。细心的妈妈会发现，宝宝到了某个时段，可能会莫名地不安和愤怒起来，甚至大声哭闹。

宝宝闹情绪，有时我们找不到原因。这种情况下，妈妈可以默默地抱着宝宝，脸贴脸，妈妈的体温、气味、温暖的话语有助于平复宝宝的情绪。

宝宝渴了、饿了、困了比较容易察觉，出现这些情况时，妈妈应放下自己的事情，满足宝宝的需要，以便尽快消除宝宝的消极情绪。

摸清宝宝的情绪周期，在宝宝情绪低潮时多陪伴他，享受美食、

出去运动都是不错的选择。在宝宝情绪高潮时，他能自己玩儿得很好，妈妈则可以放松一下，或者做一些家务。

2. 建立安全感，尊重自主性

静下心来想一想，宝宝有时发脾气、不开心，可能是大人招惹的。当宝宝玩耍时，我们抱起他来就走；他要自己操作，我们担心弄坏弄乱，坚决不让。一般来说，宝宝的所有行为都与成长有关，成长具有不可遏制的力量，当宝宝的行为、意愿被阻止或者改变时，宝宝当然不快乐，当然会发脾气。

妈妈要懂得3岁前宝宝的心理特点，这个阶段是宝宝安全感建立的关键期，同时处于社会发展的自主性阶段，我们除了要给宝宝无微不至的照顾外，还要支持他“要自己来做”的愿望。

弗洛伊德曾说：“自幼充分享受母爱的孩子一生充满自信。”3岁前，妈妈无条件地爱宝宝，宝宝获得了安全感，拥有做事的自主性，才能感受到这个世界的友爱、自己的能力，充满信任感和自信心，不会自卑和怯懦。

妈妈禁语：你不行

妈妈扶着姣姣走路，姣姣站不稳，身体左摇右晃，掌握不了重心，几次要摔倒的样子，都被妈妈扶住了。有人说，你撒手吧，她能站住。摔几次，就掌握住平衡了。妈妈不忍心女儿摔倒，总是一次次地扶住女儿。

姣姣坐在沙发上，突然被地板上的黑色的东西吸引住了。她慢慢地趴下，伸手够那个新奇的东西，眼看着要够到的时候，妈妈进来了，连忙捡起地上的东西，递给了女儿："你不行，够不到啊！"

自信心从哪里来

宝宝出生以后，妈妈无条件、及时满足宝宝的生理需要，让他感受到了满足。躺在妈妈怀里，被妈妈拥抱着，心底充满了爱的力量。

宝宝喜欢看妈妈的脸，这张脸让他感到安全，还有妈妈的气味、说话和走路的声音，都能消除他的孤单和恐惧。

宝宝认识到了，自己的行为会对别人产生影响，自己是个主观能动体，把自己的需要传递出去就会得到满足，这就是最初的自信。这份自信是宝宝将来成为有贡献的人的最初的基础。有了这份自信，他会更积极主动地与这个世界接触，什么都要摸一摸、看一看，搞清楚是怎么回事，记在心里，积累对这个世界的认识和了解，发展自己的能力。

不管宝宝怎么捣乱，妈妈都不会责骂，还陪宝宝一起玩儿。和宝宝一起玩游戏、拆开电子产品，制造一个能走路的风车。这样的待遇让宝宝觉得自己正在做一件伟大的事情，进而获得很强的成就感。

享受着妈妈的关爱和无限的自由，宝宝的身体机能迅速发展，开始萌发独立感和价值感，当然会更加自信。

☆ 给宝宝自由，肯定宝宝的行为

宝宝带着生命的热情来到这个世界上，一旦感到生疏和渺小，就可能会对生活充满恐惧。多给宝宝打气，鼓励他的行为，你会看到一个小小人自信而快乐地成长。

1. 肯定宝宝的好行为

宝宝渴望父母的肯定，那是最有力量的鼓励。当宝宝搬动了家里的椅子、送给了邻居小哥哥一块巧克力、能够和小朋友换着坐玩具车的时候，妈妈要对宝宝给予肯定，宝宝心中会产生自豪感，以后还会这么做。

什么是好行为呢？对自身成长有利、积极的行为都是好行为。如何肯定呢？当宝宝做出好行为时，妈妈及时对宝宝说："宝宝真有办法，做得不错！""哦，很有爱心啊！""砸手了，都没有哭泣，很勇敢！"

2. 不过度保护

过度保护等于囚禁，失去自由的宝宝心智发展受限，难以成就有高度的人生。

宝宝做什么，受生命发展内在秩序的驱使，做，是为了成长，获取生存经验。父母过度保护，宝宝缺少必要的生命历练，身心智能发育都会受到限制，能力低，缺少自信，难以自主。

有的妈妈发现宝宝有一点儿皮外伤，就大呼小叫，心疼落泪，这么做，会带给宝宝心理压力，挫伤其勇气，让他变得缩手缩脚。

坚持找到那件玩具：妈妈不阻止

宝宝玩儿着玩儿着就翻箱倒柜起来，沙发角、小柜子里、玩具筐，翻了几遍都翻不到，情绪有点儿急躁！妈妈问："你找什么呢？""蓝色的跳跳球！""红色的不能跳了吗？""我就想玩蓝色的！"妈妈不说话了，女儿还在找，几分钟后，她开始玩写字板了！

尊重宝宝的思维特点——固执

在亲子关系中，0～3岁是重要的服从期，宝宝的能力相对较低，只有求助于人才能吃喝，当然就得服从别人了。妈妈充当了宝宝的"权威人"角色，多数时候，宝宝比较听妈妈的话。有一天，宝宝开始变得不听话了，他要坚持自己的做法。

这是因为宝宝具备了一定的思维能力与理解能力，需要以一个"独立人"的姿态出现在家庭生活中。这时候，他的角色是家庭成员，而不是"被照顾对象"。这个阶段，父母采用协商的方式更有利于搞好亲子关系。

受思维水平的限制，直觉行动思维阶段的宝宝，一边干一边思考，不能事先预测行为的结果，直觉行动思维实际是“手和眼的思维”。思维既离不开对具体事物的直接感知，也离不开自身的实际动作，如果离开感知的客体，脱离实际的行动，思维就会随之终止或者转移。

宝宝思维的局限性决定了他的行为要绕弯、出错，甚至是做无用功，有时，他还很固执，不听劝，试图改变。就像找玩具这件事，找的过程也是玩儿，也是发现，只要在安全范围内，父母就没必要阻止宝宝。

★顺应，不要试图改变孩子

顺应是尊重孩子的天性，在坚持原则的前提下，保护孩子的选择，不强迫性地用命令去要求孩子放弃自己的选择。

1. 支持合理的要求或行动

举个例子，妈妈带宝宝在公园里玩儿，艳丽的玫瑰争奇斗艳，很吸引人。宝宝拉着妈妈要去看，当然可以！看花可以丰富宝宝的认识，陶冶性情。

宝宝提出一个要求，可能会耽误大人的事情，但为了满足宝宝的合理需要，提高宝宝的自主性，父母有时需要做出一些牺牲。

2. 不向无理要求妥协

顺应不是妥协。妥协是以让步的方式避免冲突或争执。父母一味向孩子妥协等于自毁权威，导致孩子目中无人，甚至胡作非为。

还是看花那个故事。满足宝宝看花的需要后，宝宝想要摘一朵花，带回家，在公园里当然不能这么做。妈妈应告诉宝宝，这些花是用来美化环境，供大家欣赏的，私自摘花是不文明的行为，一定要杜绝。

有的宝宝不听话，会哭闹，此时，试着抱起宝宝离开，或者去花店买一束花。宝宝心情好起来后，告诉他，不合理的要求，妈妈绝不会满足。

3. 不纵容孩子

顺应也不是纵容。孩子做事没轻没重，放任、不加约束的结果可能会很严重。

还是那个例子，宝宝看到美丽的花朵，伸手就摘。如果父母无视、不加阻止，宝宝认识不到自己行为的莽撞，就不会懂得爱惜花草树木、保护环境。

有的妈妈觉得放宽宝宝的自由度，多给宝宝提供一些做主的机会，可以增强其独立性。恰恰相反，在放纵式家庭长大的孩子，父母对孩子的教育时常失控，孩子散漫自由，很难融于社会，独立性较差。

执意自己来：妈妈放手

妈妈每天给莎莎洗脸的时候，莎莎都把脑袋支棱起来，东躲西躲的，自己却把手伸进水盆里划拉，很兴奋地哈哈大笑，弄得哪里都是水。妈妈把莎莎的手从水里拽出来，莎莎又挣扎着放进去，高一下低一下地拍打，水花飞溅！

自主意识发展：我要自己做

心理学家埃里克森的心理社会发展理论认为，1～3岁，儿童必须学会自主——自己吃饭、穿衣、讲卫生等。如果不能实现这种自理，儿童可能会怀疑自己的能力，甚至感到羞耻。

两三岁的时候，宝宝会要求自己洗手、洗脸，如果父母不答应，他就会大哭大闹。有的妈妈懂得宝宝的心理发展规律，1岁以后，宝宝进入了自主意识发展的关键期，他不满足于挥舞着小拳头自己玩耍、随意触摸自己的小脚丫，而是要自己吃饭、穿衣服、洗手洗脚。

行动是对内心想法的最好注解，也是成长愿望的表露，满足了，宝宝才开心。给孩子机会，让他自己去做，如果孩子能够轻松做到，就会觉得自己是独立的，会对自己充满信心。

如果妈妈留意会发现，当宝宝第一次成功地给自己洗脸后，他的脸上会有一种非常满足的神情，仿佛在说：“哦！我自己能洗脸了！我又长大了！我要自己做更多的事情！”在这样的心理驱动下，宝宝就会争取做更多的事情。他做的事情越多，获得的经验越丰富，成长也就越快。

当宝宝渴望洗脸、洗手的时候，我们可以利用这个机会培养宝宝注意个人卫生的好习惯。

☆ 3岁前，宝宝可以自主的事情很多

如果宝宝要自己来，那么妈妈就要给他机会。妈妈要明白，宝宝是想获得父母的认可，减轻父母的负担，放手让宝宝做，在宝宝需要帮助的时候给予指导就可以了。

1. 自己吃饭

这个愿望大概从1岁前就有了，宝宝坐在小餐椅上，当家长把小块或者小条状的食物放在宝宝的小碗里时，他就会自己抓着吃。有的妈妈会把米饭放在碗里，让宝宝抓着吃，弄得桌上、凳子上、身上、地上到处都是。只要宝宝有兴趣，就要鼓励宝宝自己动手吃饭，这样既锻炼了他的动手能力，也为随后使用餐具吃饭做准备。

2. 自己穿衣服、穿鞋

几个月的宝宝认识了自己的衣服，会拿着往头上套。这就是最初的穿衣意识。脱比穿简单，在能穿好一件背心、一只袜子前，宝宝往往先会脱衣服。1岁的宝宝，基本能够顺利脱掉袜子、鞋子、宽松的上衣，到了2岁左右，有的宝宝就会尝试自己穿衣服。

穿衣服有点儿难度，需要妈妈一开始就教给宝宝正确的穿衣方法，为宝宝学会独立穿衣打下基础。

3. 铺床睡觉

一两岁的宝宝，有时和妈妈一起铺垫子。铺的时候，让宝宝按住

垫子一角，妈妈来拉平。到了3岁，宝宝基本能自己铺上小垫子，盖上小被子了。

4. 洗手、洗脸

早晨起床后、从外边玩耍回来、吃饭前，给宝宝准备一小盆温水，让宝宝洗手、洗脸。最初，宝宝可能洗不好，弄得水花飞溅，妈妈可以教给宝宝正确的方法，慢慢地，宝宝就能独自洗手、洗脸了。

5. 自己如厕

妈妈要对宝宝进行如厕训练，需要事先买好儿童专用的坐便器，为了预防宝宝大小便太急，去卫生间来不及，要另外准备一个小盆，放在床底下等隐蔽而随手能拿到的地方。

6. 自己拿东西

等宝宝长大一些，当他需要拿什么东西的时候，只要在宝宝的能力范围内，妈妈不妨告诉宝宝东西在哪里，让他自己去拿。

拿抹布擦擦擦时：欣然接纳

一天，有个2岁半的女孩拿着抹布高兴地对妈妈说：“妈妈，我擦干净了！”“哦，亲爱的，你擦什么了？”宝宝说：“我擦了小凳子，现在正准备去擦碗。”妈妈听了哈哈大笑，对女儿说：“我女儿真勤快！妈妈看看，你是怎么擦小凳子的？哦，不错，不过还没擦完，妈妈和你一起擦！”妈妈带着女儿先擦凳子面，然后再擦凳子腿。擦完后，妈妈和女儿约定，每周女儿都要擦一次小凳子。后来，只要女儿看到小凳子脏了就会主动擦干净。

有一次，女孩和妈妈去亲戚家做客，吃饭的时候，女孩看到一把椅子有点儿脏，就到处找湿巾，找到湿巾后就开始擦：“这椅子有点儿脏！怎么能坐呢？”大家见了，都夸小姑娘懂事。

现在，这个小姑娘已经读小学了，是班长兼卫生委员，对工作特别负责，独立性也特别强，在同龄人中很出类拔萃。

3岁前，宝宝做事的主动性已经萌芽

心理学家埃里克森的心理社会发展理论认为，3～6岁，儿童试图像成人一样做事，试图承担他能力所不及的责任。有时候，他的目标或行动与父母及其他家庭成员是冲突的，这些冲突可能使他感到内疚。儿童必须达到一种平衡：保持做事的主动性，但要学会不侵犯他人的权利、利益和目标。

3岁前后，儿童已经不再满足于对自身行为的控制，而是努力把活动范围扩大到自身以外，试图像成人一样去做事。只要他看到父母做什么事情，就会凑过去跟着学。不管自己能不能做，都要试一试。这种情况下，有的家长会觉得宝宝捣乱，不顾宝宝的哭闹把他抱离工作场地。

从心理发展规律来讲，3岁以后是宝宝主动性发展的关键时期，在这个阶段，如果我们满足了宝宝的需要，给宝宝做事的机会，比如，用餐的时候让他摆筷子，用餐结束后让他擦桌子，把地板上的小纸条捡到纸篓里，宝宝体验到完成某件事的快乐，会更积极地做这样的事情。在这个过程中，如果得到父母的鼓励，那么宝宝就会形成一种好品质，比如，讲卫生、爱劳动等。

有些孩子性格懦弱，不能积极主动地独立去做一件事，跟幼年时主动性没有很好地发展起来有直接的关系。

我见过一个小女孩，妈妈送她去学国际象棋，第一次去上课，妈妈陪着，她学得很开心。第二次，妈妈有事，把她送过去就想离开，小女孩说什么都不愿意。她黏在妈妈身上，就是不进教室。妈妈怎么说都不行，最后，女孩竟然哭了，妈妈没有办法只好领着她走了。后来，我了解到，这个女孩在家里从没有做过任何事情，连一双筷子都没有洗过，因为妈妈不让她做。

由此看来，宝宝在家里主动地要做一些事情，比如，学妈妈擦地、擦桌子，妈妈应该教给他正确的方法，因为这不仅是培养孩子讲卫生好习惯的机会，而且能有效地培养宝宝的主动性。

☆ 教宝宝养成讲卫生的好习惯

在宝宝主动性萌芽的关键期，教宝宝养成讲卫生的好习惯，可以从以下几方面入手。

1. 拧抹布

当你打扫房间的时候，也给宝宝准备一小块抹布，教他把抹布弄湿，然后拧干水，边玩儿边擦桌子。擦完桌子，教宝宝把抹布放到水里搓洗一下，再拧干。你可以和宝宝分别抓住抹布的一头儿，然后一起拧。拧抹布可以锻炼宝宝的臂力，还能很好地提高他手指的灵活性。

2. 擦掉身上的脏污

在宝宝小的时候，当我们为他擦掉嘴上的奶渍、饭渍的时候，擦干净小脏手的时候，可以对宝宝说："擦一擦，真干净！"1岁以后，如果宝宝能够自己擦，我们可以对宝宝说："拿一张纸巾，擦掉嘴上的汤汁！""脸上沾着米粒呢，拿掉吧！"在家长的提示下，宝宝就懂得了当脸上沾有东西的时候要擦掉。

当宝宝衣服上沾上尘土的时候，我们可以提示宝宝："衣服脏了，拍打拍打！"几次以后，宝宝就懂得如果衣服弄脏了，要及时擦干净。

一吃饭宝宝就抢小勺，不给就大哭

嘉嘉11个月大了，是个男宝宝，最近非常调皮，看见家人整理餐桌，他就伸着胳膊使劲儿够，一旦把他抱到桌子边，他就会抢勺子、抢碗，吃不了几口，就用勺子敲碗，一边敲一边乐。过一会儿，会停下来用手或者勺子弄点儿饭放进嘴里。有时玩得太兴奋了，还会把碗弄到地上，吃饭的场面十分热闹。

自主性发展需要：宝宝想自己吃饭

宝宝吃饭乱划拉、扔餐具，家长怎么办？有的家长把碗捡起来洗干净让宝宝接着玩儿；有的家长把宝宝抱离饭桌放进小车里，任凭宝宝喊叫不管他；有的家长会冲着宝宝的屁股轻打两下作为警告，绷着脸喂饭……

宝宝抢勺子不是为了玩耍，而是想自己吃饭。1岁以后，是宝宝自主性发展的关键时期，什么事情他都想自己干，他不仅想自己吃饭，还想自己穿衣服、洗脚、洗袜子，如果我们支持孩子这么做，让孩子循序渐进地掌握一些基本的生活技能，那么，他就会更有自信，自我掌控能力更强。在未来的生活中，他会勇于追求自己的人生目标，遇到问题能够积极思考，不怯懦、不依赖别人。

不管是多么小的事情，只要宝宝动手做，就能促进其手部肌肉和大脑的发育，并让宝宝对自我形成积极认识。相反，如果宝宝想自己吃饭，我们不给他勺子，不让他去夹菜，而是把饭喂到宝宝嘴里；宝宝想自己穿袜子，我们看到他穿得东扭西歪、脚后跟还露在外面，就拿过来给宝宝穿上……那么，就会影响宝宝各项能力的发展。

在吃饭的时候，宝宝抢小勺，这是宝宝成长需要的一个表达，是宝宝通过这样一个抢的动作在告诉我们："我要自己吃饭！我要长大！"面对孩子的成长，我们只能顺应，而不能违抗，否则，将会影响孩子的心理发展和人格建构。孩子的心理发展是分阶段进行的，这个阶段的成长任务完成不了，就会影响到下一个阶段的发展，如果各个阶段的成长任务都没有完成，那么，就容易形成消极人格。在孩子的性格里将会有诸如被动、怯懦、自卑、软弱、恐惧、胆怯等消极特质。

我们当然希望宝宝能够独立、自主地吃好一餐饭，那么，就从宝宝抢小勺开始给他机会，不要害怕他摔破碗、弄撒饭、弄脏衣服等，这是宝宝学会吃饭一定要经历的过程。

★ 宝宝也能独立吃好一顿饭

从宝宝的角度想一想，如果他能够独立吃完一顿饭，内心会多么快乐啊！那份满足感会激励着宝宝每顿饭都吃得津津有味，还会有信心去做更多的事情。那么，我们如何帮助手部肌肉还不发达、使用餐具经验还不足的宝宝掌握吃饭的技能，独立吃好一顿饭呢？

1. 准备好耐摔的餐具

如果把餐具摔坏了，宝宝也会不开心，内心会有小小的失落甚至是挫败感。如果我们给宝宝准备好不锈钢等材质的小碗、小盘子、小勺，即使宝宝失手把餐具掉在地上也不会摔坏了。这个时候，我们快速地给宝宝把餐具清洗干净，告诉宝宝：“没关系，继续吃！”这样，宝宝就会接着开心地吃起来。

如果小碗、小勺的颜色、图案更鲜艳一些或者上面有宝宝认识的小动物，也能提高宝宝吃饭的积极性。

2. 食物弄小一点儿

如果我们把水果或者蔬菜块儿切小一点儿，宝宝用小勺舀起来不费劲儿，那么，他成功送进嘴里的概率就高，吃进肚子里的次数就多，当我们适时地表扬宝宝几句，宝宝吃饭的积极性就更高了。

3. 手勺并用，也不大惊小怪

如果宝宝使用小勺无法把食物送进嘴里，就会直接用手抓，这个时候，我们千万不要大惊小怪地说：“怎么可以用手啊！多脏啊！”否则，会打击宝宝吃饭的积极性。

4. 盛入小碗的饭要适量

宝宝的胃口还小，如果碗里的食物太多，他会有压力，所以，每次盛入碗里的饭要适量，宝宝可以很快吃完。这样有助于宝宝养成吃多少盛多少的习惯，不剩饭，不浪费。

3岁前，实现和宝宝分床睡

洋洋2岁了，妈妈想跟儿子分床睡。妈妈把儿子抱在怀里，跟儿子说了分床睡的决定。为了当个男子汉，儿子满口答应。可是到晚上动真格儿的了，儿子却早早猫进妈妈的被窝不出来了。妈妈费了好大的劲儿把洋洋抱到他的房间，不到一刻钟，洋洋就大喊着害怕、哭闹着回来了。

球球有睡前听故事的习惯，每次洗完澡，就会躺到被窝里，等着妈妈给讲故事。2岁半的时候，和球球一般大的小朋友已经有睡小床的了，可是球球不愿意，认为那样就无法趴在妈妈怀里听着故事入睡了。妈妈很苦恼，如果把球球放到小床上，会影响他听故事；如果把球球放到大床上，既会影响睡眠质量，又无法让球球变得独立。

晶晶的妈妈买来小床，想和女儿分床睡，这样也能锻炼晶晶的独立性。可是，仅仅一个晚上，妈妈就犹豫了。早晨，妈妈看到女儿把一条腿露在外边，冻得凉凉的，脑袋也从枕头上挪到了床边，她心疼不已。

及时分床，有助于宝宝独立

我在报纸上看到过这么一个信息：一个18岁的男孩考取了外地的

一所大学，阳光灿烂的日子马上就要开始了，男孩及他的家人却高兴不起来。他无法独自在异地读书，甚至在妈妈面前表示：如果妈妈不能在自己身边陪读，就不念大学了。

很显然，不管孩子长多大，如果缺乏独立性，对妈妈过于依赖，都不能独立生活。

孩子的独立性不是到了一定的年龄就有的，而在于父母是否进行了有效培养。分床，既是培养宝宝独立性的重要方法，也是检验宝宝独立水平的标准之一。

3岁前，和父母分床睡，对小宝宝是个挑战。他要战胜黑暗、周围的声音、想象中的恐惧，实现心理上的独立，这个过程非常有利于培养宝宝的独立性。

广东省妇幼保健院儿童保健科主任医师郑惠博士指出，最好在3岁之前就考虑跟宝宝分床睡眠。孩子到了3岁左右时已经能分清自己是男孩还是女孩，有了最初的性别意识，心理处于一个重要的发育阶段。如果长时间与父母同床睡，容易导致孩子日后缺乏自律性，独立水平低，甚至形成性识别障碍。

宝宝单独睡，睡眠环境好，生长发育好。睡眠时，宝宝的大脑和整个身体其实都在生长着、发育着，清新的空气、宽松的空间是获得优质睡眠的有力保障。

☆ 狠下心，和宝宝分床睡

虽然让宝宝与父母分床睡有很多好处，但是，还是有很多父母无法实现与宝宝分床睡。问题主要出在父母心太软和操作方法不当上。父母可以参考以下方法：

1. 不用过于担心

有的妈妈担心分床睡宝宝会从床上摔下来，因为不懂得盖被子而着凉，更担心宝宝因为想父母、害怕黑暗而大哭。其实，这些情况对孩子都构不成威胁，小床有护栏，即使小宝宝睡觉打滚儿，也掉不下来；即使盖不好被子，也冻不坏。至于宝宝醒来哭的问题，更伤害不到宝宝，因为哭过一两次，宝宝一般就不会再哭了。

2. 把宝宝的安慰物放到枕边

很多宝宝都有自己的心爱之物，比如，棉布玩偶、喜爱的小枕头、小被子等，这些小物品能够让宝宝感到无比的安全和欣慰，宝宝和父母分床后，妈妈可以对宝宝说："和你的熊宝贝一起睡觉去吧！"让宝宝抱着自己喜欢的东西，能够稳定情绪，有利于睡眠。

3. 最初，开着门

如果孩子还是不敢睡，父母可以打开家里所有房间的门。这样，孩子会感到还是和父母在一个房间里睡觉，只不过不是在一张床上。

4. 让宝宝早有自己房间的感觉

父母有意识地带宝宝一起布置他的房间，把宝宝的衣物、玩具都放在他的房间里。这样，宝宝会感觉他长大了，有了自己的房间，心理上有一种满足感。白天睡午觉的时候，宝宝会乐意在自己房间睡。到了晚上睡觉的时候，自然而然地就能够自己睡了。

5. 较早试试婴儿床

对于出生不久的宝宝来讲，和妈妈睡在一张床上有很多好处，但是，到了分床的时候就需要费些心思。如果在父母的房间设置一张婴儿床，孩子一出生，就把他放到自己的小床上去，这样，孩子因为没有与父母同床睡觉的经验，就不会产生与父母同睡的依赖感。

为了方便照顾宝宝，父母可以将小床放在大床边上；当孩子两三岁时，小床就可以挪到宝宝自己的房间了。

但是有一点要注意，因为这样的睡眠形式减少了宝宝与妈妈的肌肤接触，宝宝容易情感饥渴，为了充分满足宝宝的精神需要，妈妈要多拥抱宝宝，较多地把宝宝从小床上抱出来放到大床上抚摸和亲吻宝宝。

6. 设置“该睡觉了”闹钟

美国的一位家长为孩子设置了“该睡觉了”闹钟。时间定在21点，每天到这个时间，闹钟一响，宝宝就知道换上睡衣，准备睡觉了。

7. 不要急于求成，给孩子一个缓冲

有的妈妈性子急，当决定了让宝宝分床睡后，就恨不得一次就能实现。其实，对于和父母睡惯了的宝宝来讲，要做到这一点很难。我们需要对孩子宽容一些，主动答应为宝宝提供一些“福利”，让宝宝觉得父母很善解人意。比如，对于养成了听故事习惯的宝宝，妈妈可以在给宝宝讲完故事，等宝宝睡熟后再回到自己的房间。对于宝宝撒娇地提出的小条件“明天要多吃一块巧克力”“要妈妈陪着睡一会儿”“要喝饮料”等，可以适当地给予满足，让宝宝切实感受到父母的爱，这样更利于宝宝战胜分床后的不适。

Chapter 03
好教养，宝宝不闹情绪

宝宝闹情绪怎么办？一味哄？置之不理？大声呵斥？不哭不闹、不烦人，就算解决问题了？当然不是！情绪是宝宝对刺激的反应，走进宝宝的内心世界，找到刺激源，才能有效解决问题。

你了解宝宝的情绪吗

有位妈妈说，我家宝贝特别情绪化，有什么需要不能满足，立刻就发脾气。如果谁惹着他了，就冲谁噘嘴，也不知道这孩子怎么这样，遗传谁了呢？

出生后，宝宝逐步学会表达情绪

情绪是对外部刺激事件广泛的、功能性的反应，暂时性地整合了生理、认知、现象和行为的渠道，以促进对当前环境形成一个提高适应性的、修饰环境的反应。小宝宝出生后，就会表达情绪了。

如果观察婴儿或者蹒跚学步的儿童，你很快就会发现他们大量地表达情绪。婴儿从呱呱坠地到几个月之后学会微笑和大笑——有时会持续很长时间且声音很大，与成人相比，他们的情绪表达在很多方面更加频繁，且限制也很少。如果饿了、不高兴了，他们会大哭，小嘴张得很大，满脸泪水。

宝宝要想成为一个能够很好地控制情绪、表达情绪的人，需要在成长过程中，不断地提升自我意志。

儿童如何学习表达和隐藏情绪的规则？根据人类学的观点，大多数训练都是在家庭日常生活交往中进行的，并且发生在儿童成长的早期。

如果妈妈在和婴儿交流时经常表现出愉快、感兴趣或惊奇的表情，慢慢地，婴儿就会对感兴趣或惊奇等表情有强烈的反应。相反，如果妈妈不和宝宝交流，呆坐着抱着宝宝或者把宝宝放到一边置之不理，宝宝往往很难流露出兴高采烈的表情，多数时候比较沉静、落寞。

宝宝也有喜怒哀乐，心情好了，又蹦又跳；情绪糟糕了，又哭又闹。生活中，如果宝宝想做到不管多高兴都不忘形，多伤心都不自暴自弃，不沉浸于消极情绪中，不在情绪变化中伤及他人，就需要接受良好的情绪教养。

★把握好三个关键点

妈妈的情绪反应方式直接影响宝宝的情绪认识和情绪表达，孩子最初的情绪表达方式是以妈妈为模板的，孩子的年龄越小，影响越大。

1. 允许宝宝表达情绪

妈妈对宝宝适度照顾，建立了安全型依恋关系，这样的宝宝能够适度地表现喜怒哀乐。高兴的时候，会哈哈大笑；不开心了，通过哭泣、倾诉来寻求帮助。哭泣、喊叫、沉默、发脾气，是宝宝常用的情绪表达方式。允许宝宝表达情绪，等宝宝得到安慰后，心理会重新获得平衡，让宝宝更好地成长。

2. 妈妈情绪积极

一般来说，如果父母表现出较多的积极情绪，儿童也会相应地表现出更多的积极情绪；如果父母表现出较多的消极情绪，儿童则更倾向于表现出恐惧或愤怒等情绪。

心理学家做了一项研究。被试是来自日本和美国的孩子，当11个月大的婴儿爬向玩具时，研究者要求孩子的妈妈生气地呵斥婴儿。美国的婴儿在听到妈妈的喊声后会立即停下来，随后，他们会继续爬向玩具；相反，日本婴儿停下动作的时间更长一些。研究者认为，美国婴儿常常听到妈妈的喊叫，以至于他们不会认真地对待喊叫声；日本婴儿并不总是能听到生气的声音，因此喊叫声能够更久地吸引他们的注意。

在婴儿出生后的第一年，他们学会了如何理解他人的情绪，美国的婴儿可能将愤怒的情绪理解为普遍的、可以接受的，而日本的婴儿可能将其理解为少有的、不合时宜的。

妈妈对待生活的态度孩子看得最清楚，对3岁前的宝宝来讲，他们会耳濡目染。

妈妈带冰冰出去游泳，路上堵车了，天气很热，妈妈有些烦，不断地唠叨。“什么破马路，天天堵！”“大周末的，哪儿来这么多破车！急着赶着出去干什么？不在家里待着！”“跑着都比这快！”堵了两小时，唠叨了两小时。半路上，一生气，妈妈带冰冰打道回府了。白白浪费了几小时，还没能游泳，冰冰大哭，怪妈妈说话不算数。

堵车堵心，积极面对，不着急、不生气，耐心地等待，处理这些小事的态度是积极还是消极，都会被宝宝学到。

3. 宝宝蛮不讲理，父母不能姑息

有的宝宝蛮不讲理，利用发脾气来要挟父母，以便实现自己的某些愿望。妈妈识别后，一定不能姑息。纵容一次的结果就会有第二次，如果养成习惯了，宝宝就会目中无人、任性而为，对良好习惯的形成产生消极影响。

小宝宝会黄昏焦虑

珍珍的妈妈说，天一黑下来，珍珍的情绪就开始低落，不好好玩儿，哼哼唧唧地哭泣。给水不喝，给奶不吃，就是哭，抱着也不睡！这到底是怎么回事呢？

小宝宝有黄昏焦虑症

宝宝到了黄昏哭闹，是黄昏焦虑症，导致其焦虑的常见原因有以下几种。

1.3个月以内：疲劳难入睡

3个月内的宝宝，到了傍晚容易疲劳。儿童心理专家认为，与普通人一样，宝宝到了傍晚也会感到精神疲惫。

与成人不同的是，宝宝神经系统还未发育成熟，无法调整精神状态，从压力中解脱出来。3个月大的宝宝分不清白天和黑夜，他们大脑中分泌的褪黑素非常少，不容易入睡，养成规律睡眠的习惯也较难。因为宝宝虽疲惫，但睡不着，所以容易烦躁、哭闹。

2.6～8个月：太兴奋，不想睡

6～8个月的宝宝最向往外边，活泼好动，喜欢与人交往，好奇心强，什么都要看看，摸摸，困了也不愿意睡觉。当他们玩儿不够或者太困了又不想睡时，就会哭泣。

3.10～12个月：太累，容易闹

10～12个月，一些宝宝会走了，或者正处于想走的欲望期，此时，宝宝坐、爬、走都行了，身体感受到了从未有过的自由，当然要尽情发挥自己的能力了。到处钻、走、攀爬，翻箱倒柜，弄洒了水……给妈妈添了很多麻烦。即使被警告不可以这么做，宝宝在没搞清怎么回事的情况下，依然会执着于捣乱。捣乱是宝宝的工作，一天下来，很疲倦，如果什么需要未获得满足，就会成为其发泄情绪的导火索。

★陪宝宝一起轻松度过焦虑期

宝宝焦虑了，妈妈怎么办？妈妈一定不要焦虑，应沉着冷静，只要根据情况应对，就能快速度过焦虑期。

1.妈妈不要太在意

有的妈妈，宝宝一哭一闹就害怕，觉得是自己没照顾好宝宝，才让宝宝受苦。事实并非如此，黄昏焦虑症其实是宝宝自我表达的一种形式，有利于宝宝自我感受和自我认识的发展，是成长阶段的正常表现。

2.根据焦虑原因区别对待

对于3个月内的宝宝，妈妈的安抚方法最常用的是吃奶，除了满足宝宝的生理需要，最重要的是给予精神上的安慰。可以尝试让宝宝趴在妈妈的肚子上，感受妈妈的心跳，宝宝的精神会更放松。

如果宝宝不吃奶，可以抱着宝宝，轻轻地在房间里来回走动。如果妈妈很累，这件事可以让爸爸或者家里的其他照顾者来做。

听歌、洗澡、抚触，都是很好地缓解宝宝焦虑的方法。如果宝宝发困的时间恰巧是黄昏，妈妈就要适度调整其睡眠规律，不然，闹觉和黄昏焦虑赶在一起，哭闹会更厉害。

6～8个月的宝宝，安抚焦虑的最好方法是带他出门，看新鲜的风景，尤其是夏天，家里比较热，又不能吹太多空调，可以等晚饭后带宝宝到室外活动活动，分散他的注意力。

有一点要注意，如果宝宝已经困了，就尽量避免逗弄宝宝，太鲜艳或陌生的玩具会激发宝宝的兴奋灶，不利于睡眠，要避免在这个时间段拿出来玩儿。

10～12个月的宝宝，已经拥有了相对规律的睡眠，一般到时间就睡，较少焦虑。到了睡眠时间，营造一个安静的环境，灯光不要太亮，给宝宝铺好床，宝宝就会意识到要睡觉了。

宝宝闹觉

有妈妈反映，我家宝宝特别难入睡，每次睡觉都得抱很久，有的时候一放到床上又醒了。有人告诉我要给宝宝营造良好的睡眠环境，我都做了，可宝宝还是很难入睡。其实，宝宝困得不行，哼哼唧唧地哭，就是不肯入睡，真是没办法！

有的妈妈说，宝宝1岁以前好带，除了吃就是睡；有的妈妈却觉得宝宝非常难带，一宿哭醒很多次，要抱起来晃悠，根本没法睡觉。在睡觉问题上，不同的宝宝为什么区别这么大呢？

婴儿的三种气质类型决定入睡难易

托马斯和切斯通过一项“纽约纵向追踪研究”，得出了划分气质类型的五个维度，分别是：节律性、适应性、趋避性（积极探索或者消极被动）、典型心境（情绪状态）、反应强度。这五个维度与亲子关系、社会化、行为问题密切相关。在婴儿阶段，人们根据这五个维度把婴儿的气质划分成三种类型：

1. 容易抚养型

这种气质类型的宝宝生活有规律、节奏明显；容易适应新环境；

主动探索环境、对新异刺激反应积极；愉快情绪多；情绪反应适中。

2. 抚养困难型

这种气质类型的宝宝生活规律性差；难以适应新环境；对新异刺激消极被动，缺乏主动探索周围环境的积极性；负性情绪多；情绪反应强烈。

3. 发展缓慢型

对环境变化适应缓慢；对新鲜事物反应消极，对新异刺激适应缓慢；情绪经常不愉快；心情不开朗。但是在没有压力的情况下，他们会对新异刺激缓慢地产生兴趣，在新情境中逐渐活跃起来。这类儿童随着年龄的增长，特别是随着成人关爱和良好的教育作用会逐渐发生变化。

不同的宝宝气质类型不同，在入睡方面表现也不同。容易抚养型的宝宝很容易入睡，即使有各种声音困扰也不会影响睡觉而大闹不止。而抚养困难型的宝宝则是稍微不顺心或者睡着睡着被吵醒就情绪波动很大难以入睡。

宝宝的气质类型是先天性的，这就要求父母的抚养方式必须与宝宝的气质类型相匹配，否则，我们会觉得宝宝非常难带。

★ 哄宝宝入睡：不同气质类型采用不同方法

既然不同的宝宝气质类型不同，对环境的适应能力不同，那么，我们就要根据宝宝不同的气质特点给予恰当的抚慰，以帮助宝宝减少睡眠障碍，提升适应能力，养成良好的睡眠习惯。

1. 容易抚养型宝宝的最佳抚养方式

这种气质类型的宝宝出生后，比较好抚养，不怎么爱哭。困了，妈妈抱起来摇摇就能睡着。宝宝睡着睡着醒了，妈妈也无须立即抱起来，可以从容地检查一下：有没有尿、有没有不舒服、有没有做噩梦等，不用担心宝宝大哭不止。因为这类宝宝情绪比较稳定，完全可以等着妈妈看清楚，处理好了，再接受妈妈的抚慰。

即使宝宝在夜里醒来，哭了几声；换了个新环境，宝宝怯生；醒来的时候看到的是陌生面孔……妈妈都不用过于担心，只要妈妈有足够的耐心，都可以哄宝宝入睡。

2. 抚养困难型宝宝的最佳抚养方式

这类宝宝一般比较难以入睡，入睡前发生“磨觉”的概率比较高。困了的时候，通常会大哭。家有这样的宝宝，妈妈要有足够的耐心，当宝宝困了的时候，慢慢地哼歌哄宝宝入睡。最好是在入睡前就给宝宝吃饱，营造一个安静的入睡环境，不让宝宝受到不良刺激。

醒来后，如果需求不能立刻得到满足，这类宝宝就会大哭大闹。妈妈除了不要因此乱了阵脚外，也不要动作太慢！最好是一边查看宝宝有没有尿、有没有饿、有没有冷之类的问题，一边安慰宝宝。对于这类宝宝，睡觉前把宝宝最喜欢的、最熟悉的玩具放到旁边，慢慢地，宝宝就迷糊着睡着了。

3. 发展缓慢型宝宝的最佳抚养方式

这类宝宝，困了也比较难入睡，或者即使睡着了，如果妈妈不在身边陪着，也可能会醒来，一旦醒来，很长时间也无法入睡。所以，妈妈要尽可能地等宝宝睡熟后再离开。

如果是在夜间哄宝宝入睡，我们不要把宝宝抱起来，可以打开床头灯，让宝宝在微弱的灯光下看到妈妈微笑地看着自己，妈妈拉着宝宝的小手，轻轻地拍他的后背，这样，宝宝的负面情绪就没有那么大，入睡就比较容易了。

别怪宝宝气怀，是你爱得不够好

有位妈妈听说小宝宝会气怀，气怀的宝宝更在意父母的爱，也更聪明。于是，总想考验一下自己的孩子是不是这样。

一天，机会来了！妈妈带女儿散步，碰见了邻居抱着妞妞玩儿，妞妞比女儿小半岁，还不会走路，头发卷卷的，非常可爱。妈妈一边和邻居寒暄着夸妞妞漂亮，一边逗妞妞玩儿，然后，妈妈就把妞妞抱在了怀里，并和她贴了贴脸。女儿看到这一幕，生气了，使劲儿用手拽妞妞的小脚，嘴里还哼哼的，一副不服气的样子。

邻居看到了，连忙说："快给我吧！你女儿不高兴了！"这时，妈妈看到女儿的小脸都憋红了，到了家里也不跟妈妈说话。见到此景，妈妈也不知道该怎么办了。

小宝宝气怀，只因担心失去爱

在民间，有一种说法叫作"气怀"，指的是婴儿发现妈妈抱了别的宝宝就会闹情绪，变得焦虑、生气，情况严重的会哭闹，并做出制止、阻挠等不友好的行为和表现，同时还会出现心率加快和面部突然潮红等。

美国儿童心理学家斯坦伯格在研究中发现，气怀最早可出现在母乳喂养时期。在这个阶段，宝宝对父母的爱还处于不自信的状态，会担心被掠夺。如果我们故意吓唬宝宝，会让宝宝很受伤。

当我们不得不夸奖、爱抚别的宝宝的时候，要照顾到自己宝宝的情绪，可以对宝宝说："邻居的宝宝很可爱，妈妈很喜欢！我女儿也是可爱的姑娘啊！两个可爱的小姑娘在一起就是好朋友啊！一起玩儿、一起上学，互相帮助，多好啊！"这么讲，宝宝内心就不会起那么大波澜，更不会想到妈妈不爱自己爱别人，而且会很开心地让妈妈抱别的宝宝。

小孩子之所以会气怀，跟他的心智发展有关。3岁前，宝宝采取的是直觉行动思维方式，在他看来，妈妈抱着别的宝宝就是喜欢别的宝宝，这让他很生气：妈妈是我的，怎么可以喜欢他呢？有的宝宝遇到这种情况会哭闹，强迫妈妈放下别人，这就是刚刚萌芽的小小嫉妒心。

☆ 做到让宝宝坚信：妈妈爱我

孩子只有感受到爱，才能学会去爱。要想让宝宝具有悲天悯人和乐于助人的情怀，先要让他好好享受爱，感受到了爱的温暖，学会了爱的方式，才会给别人爱。

气怀是小宝宝特有的心理，是嫉妒心理的早期表现，因此，要早早在宝宝心中建立起良好的被爱的感觉，这样，嫉妒心才不会进一步发展。

1. 母子间建立安全型依恋关系

不同依恋类型的孩子其后发展的社会性和情感模式很不相同。安全型依恋的孩子易于形成积极的心理品质与个性特征，在同伴交往中表现出较强的自尊心和同情心，利他行为较多，较少会产生嫉妒、焦虑等不良情绪，攻击性较低；回避型、反抗型依恋的孩子则为不安全感和内心冲突所困扰，难以与抚养者建立和谐的互动关系，难以与陌生人进行友好的交往。

2. 建立稳固的安全感

如果宝宝建立起了对家人、对这个世界的安全感，那么，他就会比较自信，相信父母爱自己，也相信自己是被周围的人所喜欢的，也会去喜欢别人。这样，当父母喜欢别人的时候，他也能接受，而不是特别反感。

3. 不用类似“不要你了”的话逗宝宝

对于小宝宝，我们要在宝宝心中建立一种认识，那就是无论怎样父母都爱他。要做到这一点，我们就要充分地爱护自己的宝宝，在宝宝心中建立起足够的安全感。对于小宝宝，别故意逗他：“看，你妈妈抱别的宝宝了，妈妈不要你了！”

4. 照顾到宝宝的感情

当我们不得不当着宝宝的面夸奖、拥抱其他宝宝的时候，不要冷落自己的宝宝。可以对宝宝说：“宝宝，妈妈先抱他一会儿！这个宝宝和你一样乖！”事后，可以表扬宝宝：“宝宝今天表现真好，特别大度，允许妈妈帮助别人了！”然后，和宝宝亲热一会儿，宝宝就不会觉得别的宝宝夺走了自己的爱，更不会因此嫉妒别的宝宝。

5. 做胸怀宽广的父母

研究表明，生活在充满嫉妒氛围的家庭里，孩子耳濡目染，嫉妒心往往较强。所以，家长平时不要对比自己强的人或者家庭横加指责、冷嘲热讽，即使对方有缺点，也要给予认可。家长心胸宽广、不嫉妒，孩子也就能够包容他人。

6. 让孩子感受到来自他人的爱

要让孩子学会爱，先要让他感受到爱的存在。当邻居给宝宝送来好吃的，妈妈提示宝宝：“阿姨很爱宝宝，宝宝也要爱阿姨的家人，妈妈当然也要爱阿姨家的小朋友啊！”

宝宝怒了：掀翻垃圾筐、踩碎鸡蛋

彤彤3岁半，常常发脾气，紧绷着小脸，脖子仰着，双手抱在胸前，对着爷爷奶奶大喊："我生气了！生气了！"两位老人赶忙哄，好吃的、好喝的、好玩儿的，统统搬到眼前，柔声细语跟彤彤说话。彤彤不领情，胳膊一甩，东西撒了一地！

有一次，彤彤进了厨房，掀翻垃圾筐后，看到了奶奶刚买回来的鸡蛋，一脚踩上去，蛋黄蛋白流了一地，奶奶气得脸都白了，批评了彤彤一顿。

小宝宝也发脾气

每一种情绪都是对刺激的反应。刚出生的宝宝会表现出悲伤，然后懂得微笑，一两个月以后，才能理解他人微笑的含义。在成长的过程中，人的不同情绪是在不同的时期形成的，一直到3岁左右，儿童会表现出大量各式各样的情绪，悲伤、恐惧、愤怒、开心、幸福等，这时，孩子对自己的情绪表达有了清楚的了解，只有开心了才会笑。他们也能够理解他人的情绪表达。妈妈生气了，他会默默地观察，不敢顽皮。

这期间，你发现，宝宝把小汽车从床上扔了下来，跺着脚要抱着别的宝宝的妈妈放下来，是不是很意外？这么小的宝宝居然开始发脾气了。

孩子发脾气，同他的喜、怒、哀、乐一样，是一种情绪的发泄。与成人不同，他缺乏社会经验，自我控制能力差，家人一般能包容。偶尔发脾气很正常，但是如果过于频繁、过度发脾气，不利于父母管教，宝宝哭闹，家里氛围差，大人着急、慌乱，情急之中容易斥责孩子，让孩子的情绪更糟糕。小宝宝发脾气的常见原因有两个：第一，宝宝有了某个需要，比如饿了或寂寞了，父母没有注意到，他就会通过哭闹、喊叫来发泄内心不满的情绪。第二，由于身体不适而发脾气，如果孩子持续发脾气，并伴有发热、呕吐、精神萎靡等症状，要及时就医。

还有一种情况，是由教育方式导致的孩子脾气大。当孩子品尝到了发脾气带来的好处后，就会觉得自己可以肆无忌惮地发脾气，有了过分的要求不被满足时，就发脾气。这时，父母应考虑改变自己的教育方式。

★ 养育一个好脾气宝宝

生气了怎么做？这是每位宝宝都要面临的成长内容。宝宝要习得正确的解决方法，还要大人引导有方。

1. 等一等

宝宝在家里发脾气，如果有理由，不妨让他发泄一会儿，大哭、跑来跑去等，只是一会儿，发泄完了，宝宝的情绪就好了。

一旦孩子的脾气已经爆发而你又找不到解决办法时，首先不要被孩子的“恶语”或“坏行为”激怒，当你脑袋开始发热时肯定无法找到让孩子安静下来的办法。此时，你可以做的最好的事情就是倾听。

把孩子搂在怀里，真心诚意地了解他到底为什么不高兴，用你的肢体语言告诉孩子你正耐心地倾听着。很快你会发现，他的怒气在慢慢消失。

2. 抱离刺激发生环境

对于3岁以内的孩子，由于孩子对父母、家人、保姆等照顾者还是很依赖，对行为的正确与否缺乏分辨力，自控力还比较差，因此处理时要以温和的态度，以分散注意力为主，把孩子抱离发脾气的环境，或用其他物品转移他的视线。这样做是在以实际行动告诉孩子，坏情绪来了的时候，暂时避开可以避免冲动。

3. 别把宝宝圈在家里

在消除孩子发脾气行为的同时，也要逐步教会孩子正确、合理、适度地表达自己的情绪。游戏是孩子的天性，孩子通过游戏掌握社会技能、学会沟通，同时游戏也是孩子宣泄情绪的一种很好的方法，如体育运动、角色游戏等，都可以帮助孩子宣泄不良情绪。

4. 父母别吵架

父母和睦的关系是孩子成长最温暖的环境，可以说，孩子最不喜欢的事就是父母吵架。研究显示，父母经常吵架的孩子比离异家庭孩子的心理问题还要多，如焦虑、多疑、没安全感、陷入人际交往障碍等。经常处于这样的心境下，从父母那里学不到处理问题的方式，很容易发脾气。

5. 不溺爱，不妥协

父母要区分孩子的需要，合理需要尽量满足，不合理需要一定不妥协，这样就可以避免孩子以发脾气的方式来要挟父母。要记得，你今天的妥协，带来的就是未来的无奈和孩子的无理甚至无能。

宝宝总是等不及

有位妈妈说："我儿子是个急脾气，我把饭盛好，放到他跟前，立马就得吃，吃一口，烫到了才罢休。"

出去玩儿之前，要换上外出服，妈妈换衣服，宝宝也要换衣服，需要一个一个来。在宝宝等待的过程中，如果妈妈接个电话、随手干一些眼前的活儿，宝宝就会着急，冲妈妈大发脾气、大喊大叫、乱扔东西等。

孩子急脾气与先天气质和后天教养有关

性格急躁的孩子遇事容易着急，发脾气。我们不赞赏急脾气，因为如果太急躁的话，容易粗枝大叶、糊弄、不认真、不求甚解，降低了做事的品质，不利于孩子今后的学习和生活。

性格具有很强的塑造性，小宝宝脾气急，最常见的原因有：

1. 先天的气质特点

每个人生来都有自己独特的气质特点，根据内外倾和稳定性来划分，可以分为抑郁质、黏液质、多血质、胆汁质四类。容易急躁的孩子，一般属于胆汁质，这类孩子的性格特点是易兴奋、易变动、不宁静、敢作敢为、爱冲动、有活力。

这样的孩子这件事没有做完，就有了另外的想法，遇到阻碍，就显得有些急躁。孩子的自我意识正在发展，自我认识水平低，即使性格急躁，他自己可能也没有觉察到。

2. 父母性格急躁

如果父母或者家庭中的任何一个人性格急躁，习惯催，出门前焦虑："早点儿睡觉，明天还得早起！""明天早点儿啊！要不得堵车！""快点儿，磨蹭什么呢？我先下去了！""快快快！晚了！晚了！"……孩子听惯了这样的话语，感受多了这样的氛围，就习得了这样的急切行为模式。

3. 不恰当的延迟满足

心理学上有个著名的延迟满足实验。

美国斯坦福大学附属幼儿园基地内进行了著名的延迟满足实验。实验人员准备了好吃的软糖，糖对4岁的孩子来讲，那可是极具诱惑力的食品。

当每个孩子的面前都放好一颗软糖后，实验人员告诉孩子们可以吃糖，但是马上吃掉的话，只能吃一颗软糖；如果等20分钟后再吃，就能幸运地吃到两颗糖。毋庸置疑，谁都想吃到两颗糖，那么就看谁的自我控制能力更强了。

实验人员通过单面镜进行观察发现：有些孩子只等了一会儿就不耐烦了，迫不及待地吃掉了软糖；有些孩子很有耐心，他们想出各种办法拖延时间，比如闭上眼睛不看糖，或头枕双臂，或自言自语，或唱歌、讲故事等，成功地转移了自己的注意力，顺利等待了20分钟，这些"延迟者"当然享用到了两颗糖。

跟踪调查发现，参加实验的孩子到了青少年时期，"不等者"在个性方面，更多地显示出孤僻、易固执、易受挫、优柔寡断的倾向；"延迟者"较多地成为适应性强、具有冒险精神、受人欢迎、自信、独立的少年。在学业能力上，“延迟者”比“不等者”在数学和语文成绩上平均高出20分。

为了让孩子有更多的成功特质，很多家长把延迟满足提前了！出生不久、一两岁的孩子，有需要了，妈妈就延迟满足，这样做导致宝宝内心不够稳定、患得患失，容易发脾气。

☆ 给孩子一个不急的性格

即使孩子是先天的急脾气，父母也不要绝望，性格一方面跟先天的气质特点有关，更多的在于后天的培养。如果父母教养得当，给予正确的引导，孩子完全可以不急。

1.1岁前及时满足孩子的需要

对于1岁前的孩子，父母要及时满足孩子的需要。饿了立即吃奶，算好时间给宝宝喝水，拉了及时清理，多陪宝宝玩儿，帮助宝宝建立起很好的安全感，宝宝自信、踏实、乐观、开放、宽容，就不容易急躁。

2.3岁前，不延迟满足

宝宝在3岁以前，是安全感建立的关键期，在这个阶段，孩子有什么需要，只要是合理的，最好及时满足。

宝宝2岁以后，有些需要可以放缓，比如，要出去玩儿，想要某个玩具，已经吃了一块巧克力还要继续吃，等等。当不能第一时间满足的时候，好好向孩子解释，孩子理解了，就不会受到伤害。

3.不给孩子贴“急脾气”的标签

即使宝宝脾气暴躁的时候像一头小狮子，父母也不要称其急脾气，3岁前，宝宝的性格还没有定型，完全可以塑造。以积极的态度修正孩子的行为，才是父母该给孩子的教养。

宝宝不听话，呵斥还是讲理

莹莹是个3岁的小女孩，非常淘气，一天，她看着鱼缸里的小鱼瘦了，想给小鱼增加营养，于是就打算把一碗米饭倒进鱼缸里，结果一不小心把碗掉进鱼缸里，饭粒撒得到处都是。妈妈见了，肺都要气炸了！

和宝宝讲道理，胜过大声呵斥

顶嘴、耍脾气、不理人、霸道、抢别人玩具、当众大哭大闹……宝宝一天天长大，不听话的行为越来越多，有时还故意搞破坏，把妈妈折腾得筋疲力尽。讲道理、用家长的威严镇压、冷处理、惩罚等各种方法都试过了，还是那么不听话。那么，讲道理与呵斥哪种方式更有效呢？

3岁的孩子，已经开始了具体形象思维，他们能够听懂一些简单的道理。妈妈和孩子讲道理，符合这个阶段孩子的内心期许。孩子从2岁以后，自我意识大发展，倾向于从自己的角度出发看待事物、考虑问题，认为别人的思考和行为方式应该完全与自己一样，特别需要父母尊重他们的想法，比如，用很多洗洁精洗一块小手绢，试图用面包蘸大酱吃，爬到凳子上拿高处的东西，鼻涕出来了不让父母用手绢擦而是用纸巾，等等。如果和他们的想法不一样，他们就会反抗。这个时候，父母只有改变孩子的想法，才能消除孩子的怒气。相反，如果用命令、威吓的方式，既会让孩子的内心感到不安，又无法达到教育效果。

★耐心讲，你会发现效果不错

小孩子喜欢被重视的感觉，当你把他当成大人，“恭维”一番后，再耐心地跟他讲道理，他往往能听进去。

1.“因果”法讲道理

因果关系是最简单的逻辑，给孩子描述他的行为，让他看到这样的行为导致的后果，孩子就明白了为什么父母不让自己这么做。即使他再次这么做，父母惩罚他，他就能懂得为什么被惩罚了。

2.宝宝耍赖，提前说

如果你的宝宝有耍赖的毛病，有什么要求不被满足，就会大哭大闹。在每次出门前，为了不把自己搞得很狼狈，妈妈可以提前跟宝宝说清楚：“我可以带你出去，但是你提出什么要求，我可以不满足，你要听我的！否则，你就别去了！”

3.跟宝宝说问题时该严肃要严肃

有的妈妈虽然被气得不行，面对孩子萌萌的行为和可爱的样子，还是会忍不住笑起来。这时，宝宝立马会接到一个信号：妈妈爱我，不会惩罚我。刚才讲的一番道理都白费了。

做什么事情就要有什么氛围，跟孩子说问题时，不要把孩子抱在腿上，而应让他独坐，和你面对面，耐心地跟他讲他做了什么，这么做造成了什么样的后果，这样的后果有什么样的伤害。你希望他以后不这么做，如果还这么做，就会受到惩罚。

惩罚的方式很多，打骂不行，让他承担事情的后果有时也不容易实现，可以采用剥夺宝宝的一项最期待的权利的方法。比如，宝宝养成了一个习惯，每天吃一根棒棒糖，告诉他：“你做了错事，惩罚你三天不吃棒棒糖！”

宝宝咧嘴笑

乔乔3个月大，特别喜欢笑，来到小区公园，爷爷奶奶都喜欢逗她玩儿。她也特别喜欢出去玩儿，每天出去玩儿一两个小时，晚上睡觉特别香，妈妈觉得她很好带。

一位爸爸抱着儿子出去玩儿，小家伙虽然只有1岁半，见了人，爸爸打招呼，人家逗逗他，他就会咧开嘴微笑。

宝宝何时会微笑

宝宝出生不久，也许有的妈妈记不得是第几天，某个时刻，可能是吃饱了，也可能是睡醒了，或者在梦中，会看到宝宝扬起嘴角，甜甜地笑了起来。心理学家认为这是嘴部肌肉活动，与社会情境无关，不是微笑。

随着孩子年龄的增长和认知的逐渐成熟，他们有了向更加具有象征或者抽象意义的信息微笑的能力。在6～8周，婴儿开始出现社会性的微笑，能够面对他人微笑。这个阶段的宝宝能够区分熟悉的人和陌生人，会对每天照顾他的最亲密、最信任的人报以最多的微笑。再大一些，有人逗婴儿笑的时候，他会以微笑回应，并手舞足蹈。

宝宝渐渐长大，能够听懂大人话的时候，能把他人的话与接下来的行为联系起来。当他看到你切着水果、沏着奶的时候，会微笑起来，甚至你跟他说去拿水果或者饼干吃，他都会拍着巴掌乐起来。

微笑是宝宝对情绪的认知、表达的过程，更是大脑发育、身体发展的过程。

法国医生亨利·吕班斯博士认为，“笑是一种类似于原地踏步的锻炼方法”。笑起来，面部表情肌运动，胸部与腹部肌群参与共振，既活动肌肉、骨骼与关节，又对多种内脏器官起到“按摩”与“锻炼”的作用，被运动医学专家誉为“器官体操”。

笑是宝宝与他人交往的第一步，不但在宝宝精神发育方面是一次飞跃，对宝宝的大脑发育也是一种良性刺激，爱笑的宝宝往往更聪明。父母要多跟宝宝接触，让宝宝在轻松快乐的环境下成长。

笑可以缓解紧张情绪，增强免疫系统机能，爱笑的宝宝，一般更不容易受疾病的侵扰。笑还是宝宝锻炼身体的好方式。当宝宝笑的时候，呼吸加快，表情肌、胸肌、腹肌等都得到了锻炼，还起到了促进肝脏代谢、增强消化功能的作用，所以，笑也是一种运动，有助于宝宝的身体健康。

★ 多逗宝宝笑一笑

宝宝经常微笑能够促进身体健康，智力发达，精神愉悦。多逗宝宝笑一笑，宝宝会成长得更好。

1. 满足宝宝的身心需要

满足宝宝的身心需要，宝宝身体舒服了，精神愉悦了，就会笑。

宝宝的身心需要涉及吃、喝、睡、尿、便，妈妈的陪伴、抱抱和玩耍等，满足了宝宝的需要，宝宝就会笑。

对于小宝宝来讲，如果他笑了，你要配合他微笑，和他玩耍。对于较大一些的宝宝，他微笑的内涵会更加丰富，可能是有什么要求需要你满足，也可能是你满足了他的某个需要他开心了，还可能是在向妈妈表达喜欢等，妈妈要多思考、多关注，积极和他互动，激发他的表达欲望，促进亲子感情。

2. 多接触喜欢宝宝的人

微笑是婴儿与人交往的语言，会微笑的孩子往往会有良好的人际交往开端。带宝宝和喜欢孩子、有爱心的人接触，他们会很好地照顾宝宝，这样，宝宝会很开心。

3. 特别关注不微笑的宝宝

一般情况下，宝宝出生几天就会出现发生性微笑，进入婴儿期后，几个月的宝宝就微笑得更加频繁了，看到新鲜的事物、听到陌生的声音、待在妈妈的怀抱里、蹦蹦跳跳地开心了，他都会微笑，如果宝宝较少微笑，可能存在视力问题，家长要带宝宝及时检查一下。

4. 多逗宝宝笑一笑

婴儿期，最能吸引宝宝注意的是大人的脸，为了让婴儿微笑，可以让他看人的脸。给宝宝做个特别的表情，冲着宝宝晃晃脑袋，微笑着和宝宝对视等，都能逗笑宝宝。

宝宝笑了，能激发妈妈与宝宝的互动兴趣，和宝宝多玩儿一会儿。在玩儿的过程中，宝宝的认知能力、身体素质都能获得较大提升。如果宝宝不怎么笑，妈妈要特别自我提示，多逗宝宝笑一笑，宝宝开心了，能更好地和父母互动。

宝宝哭了

牛牛出生已经5个月了，这个小家伙，从出生时起，白天哭，晚上哭，睡着了还哼哼几声。半夜哭了，就要让大人抱着，有时还要走来走去晃悠才行。

与生俱来的哭泣，是最好的表达

人类出生后的第一个表情就是哭泣，当新生儿饥饿、想睡觉、胀气或者不舒服的时候，就会哭泣。即使稍大的宝宝，也常常会哭泣。哭泣传达出痛苦的信息——一种对任何不愉快或者厌恶的事物的无差别的抗议。

如果宝宝哭了，照顾者会在第一时间赶过去，看看他们有什么需要。尿了？便了？饿了？做梦了？从床上掉下来了？寂寞了？迫不及待地满足宝宝的需要，以便让宝宝停止哭泣。

对还没有表达能力的宝宝来讲，哭泣是一种特别有效的语言，能够把照顾者召唤到身边，还能引起他人的注意，更能表达内心的负面情绪。

6个月以内的婴儿，还有一种特别的表现，会因为同情其他婴儿而哭泣。有这种情况发生的时候，妈妈要第一时间识别，然后哄哄宝宝，情况严重的，妈妈要把宝宝抱离现场。

☆ 宝宝哭了，妈妈怎么做

宝宝哭了，要做到在第一时间给予准确的安慰，让宝宝停止哭闹。

1. 识别纯粹的情绪表达，给予安慰

有的时候，宝宝哭泣是一种负面情绪的表达，哭几分钟后，就完事了。出去旅游一天，宝宝很累，到了晚上睡觉前，宝宝莫名地哭了起来，如果没有什么未被满足的需要，不饿、不病、不尿，就是疲惫，此时，妈妈应抱着宝宝，和宝宝亲亲，等哭声停止后，宝宝也就睡着了。

2. 找到宝宝哭泣的原因

很多时候，宝宝哭泣不是情绪发泄，而是来源于一定事件带来的无法适应的变化。

阳阳1岁的时候，妈妈觉得宝宝专用浴盆有点儿小，想让阳阳和大人一样淋浴。当她给阳阳脱了衣服，把他抱进卫生间，放在浴缸里，打开花洒时，阳阳就哇哇大哭起来。阳阳伸直胳膊要妈妈抱，妈妈想他适应一会儿就好了，可是，阳阳越哭越来劲儿，声嘶力竭，嗓子都变声了。妈妈弄了一身水，既生气，又无奈。

淋浴对大人来讲是一种舒服的感受，但是，孩子却不能适应。源源不断的水流让他觉得自己要被冲走了、淹死了，加上不知道这是什么的疑问，有些害怕，所以只能用大哭和逃离来保护自己。

最好的办法是，先用花洒跟宝宝游戏，浇浇小手小脚，再浇浇身体，等宝宝完全适应了再洗头洗澡。

导致宝宝哭泣的原因还有：看见穿白大褂的人，看到生人，见到面目凶恶的动物，喜欢的玩具掉到了缝隙里拿不出来等。

3. 一定不要吓唬宝宝

恐惧情绪是面对某种情境产生的，是一种消极的情绪体验，会影响到宝宝后期的探索行为和学习效果。3岁前的宝宝更加容易记住那些使他感觉愉快或令他悲伤、气愤的事情与情景，记忆的内容有着明显的情绪色彩。当宝宝因害怕而哭泣的时候，及时安慰宝宝，有助于让他尽快消除这种消极情绪。

宝宝不睡觉、贪玩儿、捣乱的时候，妈妈不要用宝宝害怕的东西吓唬他，否则，会在宝宝心中种下恐惧的种子，可能在相当长的时间内都使孩子的行为受限。

“满口狠话”：我要杀了你

有位妈妈说，我女儿现在说话可狠了，与以前乖乖的样子判若两人。她一不顺心就大喊大叫，甚至大哭大闹。有的时候说话非常尖刻，动不动“打死”“恨死”“压死”“气死”“你出去”“你躲开”“你真讨厌”……针对这个问题，我也知道淡化处理，可真气人哪！

诅咒的话让宝宝感到自己有力量

在两三岁时，宝宝进入了诅咒敏感期。这个阶段的宝宝喜欢说狠话、硬话，比如：“闭上你的嘴巴！再讲话，我就把你扔出窗外！”“臭爸爸！躺在床上玩手机！你不睡觉！打你屁股！”“我命令你，你给我站住！”“臭东西，去哪儿？走得这么快！”……

宝宝在说这些话的时候，会有一种特别神气、得意的表情，他感受到了自己的力量，觉得自己能够和成人一样有威望了，可以对着别人发号施令了。本身就渴望长大的宝宝，寻找到这样一种可以体现自身威望的形式，当然要尽情享受啊！

两三岁正是宝宝自我意识建立的关键期，这个阶段他比较逆反，要按自己的意志行事，要求享有行为、动作等方面的自由，面对父母的管教，急切地想保护“个人疆域”，会不加区分地进行反抗。而说诅咒性的、有力量的话就是他反抗的一种形式。

★ 陪宝宝度过诅咒敏感期

宝宝喜欢说有力量的话、诅咒的话，这是他内在的生命发展秩序决定的，谁也挡不住，更不能谴责他，那么，我们该怎么做呢?

1. 大人少说有力量的话

留意一下，宝宝那些带有诅咒性的话、命令性的话，很多都是来自周边的环境。生活中，有父母可能是对着家里的小宠物说过的，也被宝宝学去了；有动画片里出现的，宝宝也学会了。如果大人不在宝宝面前说这样的话，也不让宝宝看带有暴力倾向的动画片，那么，宝宝就很少会说狠话了。

2. 冷处理比较好

当宝宝说出诅咒性的话时，如果我们因为他态度不好、不够礼貌而训斥、教育他，情况可能会更糟糕；如果我们不理他，反而能够淡化他当时的情绪。

举个例子，妞妞和小朋友出去玩儿，小朋友跑快了，把妞妞甩到了后面。妞妞大声说：“小死丫头，跑这么快干吗，给我站住！”小朋友不听她的话，她就更加大声喊。妈妈对她说：“你说话这么大声，小朋友生气了！”这下，妞妞更来劲儿了：“我偏大声说，就不小声！”

3. 宝宝强词夺理时，父母要给他讲道理

当宝宝说出有分量的话以后，如果我们指出那些话的不合理之处，他就会奋力和我们辩解，强词夺理。面对这样的情况，我们不能以相同的态度和宝宝据理力争，而是心平气和地给宝宝讲完道理后，就放下了。不管他是否理解，都不再和他在这件事情上纠缠了。这样，既保护了宝宝的自尊心，也给了宝宝理解这件事情的机会。

4. 宝宝说狠话，大人不必反应激烈

当宝宝说出诅咒性的话时，如果父母反应激烈，宝宝会更来劲儿，因为他觉得自己说的狠话带来了效果。

一天，一位爸爸说，早晨吃早点的时候，女儿很磨蹭，还在玩手机，眼看时间就来不及了，爸爸催促她快点儿吃。谁知，女儿瞪着眼睛说："我把你的眼睛抠出来！"爸爸当即打了女儿一巴掌，女儿哭了起来。

女儿只不过是刚刚看了动画片，从里面学到了这么个说法，又恰逢诅咒敏感期，就乱用上了，她当然不会对爸爸的眼睛下手啊！

遇到这种情况，我们只需说："宝宝说话太狠了，爸爸很伤心！"这样，既保护了宝宝的自尊心，也表明了自己的态度，宝宝也能认识到这么说话不对。

Chapter 04
带宝宝出去，多与人交往

社会交往能力是情商水平的体现。

有关专家指出，许多在专业上表现突出的高才生社会交往能力很差，不知道如何跟人打交道、如何表达自己，限制了其未来的发展空间。

如果你想让宝宝的未来发展不因社会交往能力的欠缺而受到阻碍，那么，请有意识地培养宝宝的社会交往能力。

交往的前提：区分出了一个我

几个月的宝宝很喜欢啃手指和脚趾，津津有味，为什么呢？

玩具、小梳子、小杯子、苹果，摸到了，不管是什么，都敢扔。大人捡起来递给他，他还扔！

看到妈妈照镜子，他就抢，拿在手里不停地照，左照右照，还对着镜子笑。

宝宝淘气了，大人板起脸说他几句，他就哭了起来。

吃饭时，他比大人还忙，抢餐具，抓馒头，推着盘子走，连吃带玩儿。

经常犯倔，妈妈说几句，他很干脆地就回过来了：“我不！我就不！”

社会交往的前提：自我意识

“我是谁？”“我从哪里来？”当孩子这么问的时候，孩子是在认识自己，想了解“我是谁”，想知道自己与他人的不同，在探索世界的过程中分清自己与这个世界的界限。这是孩子了解自己、区分自己与他人的重要时期，是自我认识的萌芽期。

如何判断孩子是否具备初步的自我意识呢?

科学家用了一个简单的“点红实验”：在孩子鼻子上抹点儿胭脂，小一点儿的孩子会去摸镜子，而大一点儿的孩子会去摸自己，这表明大一点儿的孩子已经知道镜子里的人是他自己，他已经具备了初步的自我觉知。

研究结果表明，1岁半左右是孩子自我意识的萌芽期。

孩子从一出生，就已经为自我认识的发展做好了准备，1岁以内孩子经常啃咬自己的手脚，其实是在了解自己的身体；孩子热衷于上述情境中提到的丢掷游戏，这是孩子在了解自我与对象（玩具）之间的关系，在感受自己的力量，学习区分自己和物体；孩子开始喜欢照镜子，看到照片上的自己能叫出名字。

宝宝被夸奖后会很开心，成人的评价改变着孩子的情绪体验。父母赞赏的话语能让孩子体验到良好的自尊感。当孩子形成内在的对自我的正确评价后，就能很好地调整自己的情绪了。

当“所有权”意识萌芽后，宝宝会认为东西都是“我的”，不允许别人碰触，表现出强烈的占有欲，这是宝宝自我意识发展的重要过程。

有一段时间，宝宝总是和父母作对，不断地说“不”。这是宝宝具有强烈的独立愿望的表现，在这样的过程中认识自己，探索周围环境，提高自我控制能力。

☆ 为孩子的自我意识发展提供助力

宝宝出生以后，一项很重要的成长任务是建立自我意识，自我明晰了，才能理清自我与父母、与他人、与这个世界的关系。

1. 帮助孩子建构自我

对于孩子而言，父母的照顾是孩子获得各种自我感觉经验的直接来源。因此，父母可以在日常生活中让孩子学会区分自我和他人，比如教孩子认识身体部位，与孩子一起照镜子，还可以跟孩子一起制作家庭相册，让孩子认识自己和其他家庭成员。这些都能丰富孩子对自我的认识，帮助孩子了解“我是谁”。

2. 多关注孩子的情绪体验

当孩子出现情境描述中的情况时，父母需要做的是及时关注孩子的情绪体验，帮助并引导孩子形成正确的自我评价。比如，当孩子做错事时，确实需要指出来，让孩子明白哪里做得不对，孩子在适度的羞愧或内疚的情绪体验中形成对自我的正确评价。

3. 满足孩子独立的需要

妈妈要相信自己的孩子，相信他有能力学会并完成任务。支持孩子的这种难能可贵的自主性，多给孩子提供自己做决定的机会，鼓励他做力所能及的事情。如果你因为孩子一时做不好，而对孩子想做的事情大包大揽，孩子渐渐会习惯于依赖父母，丧失了培养自主性的最佳时机。

4. 给孩子设置明确的行为限制和违规后果

尽量告诉孩子做什么，而不是告诉他不做什么，这符合宝宝的思维特点。看到孩子在爬高，说“站到地上来”比“不要往上爬”，对宝宝更有震慑力。

5. 把规则渗透给孩子

规则能促进宝宝的自我监督，顺利地从“听妈妈的话”转变为“听自己的话”。

妈妈工作的时候，宝宝该怎么做；吃饭前，要洗手；吃东西前，要先拿给奶奶……妈妈尽早向宝宝提出一些小要求，并形成规则，能限制宝宝的“胡作非为”。

宝宝行为：玩具在你手里，我要抢过来

茜茜2岁，明明2岁半，他们的妈妈说，不知怎么搞的，两人在一起，总是抢东西。茜茜拿个西瓜图案的球玩儿，明明正玩着自己的电动手枪，见茜茜过来了，走过去就抢，茜茜也不示弱，死死抱住就是不撒手。父母还没反应过来，两个孩子就因为争抢而大哭起来了。

抢，赢或输都不好

宝宝们一起玩儿，抢玩具很常见。多数情况下，总有“输”“赢”之分，抢到手的，霸气十足；得不到的，嘤嘤哭泣。

3岁前，宝宝处于自我中心的发育阶段——看问题、处理事情从自我的角度出发。当他看到想要的玩具时，既不知道什么才是实现目的的合适方法，又无法控制自己的欲望，于是干脆就动手抢。用精神分析的观点来讲，属于“本我”欲望的流露。宝宝还小，需要父母引导才能让自己的行为符合社会规范。

即使宝宝抢赢了，也不是好事。因为如果宝宝长期这么做，抢就会发展成为解决问题的习惯性方式，弱化沟通、友爱的能力。一个看

重抢的孩子，一旦抢输了，内心的挫折感会很强，当内心特别不平衡时，就会滋生仇恨，必然影响他与人相处。

如果抢输了，也不是多坏的事情，即使宝宝大哭一顿，也不会留下心灵伤痕。毕竟这只是一场力气的比拼，即使输了，也勇敢地争取过了，只表明宝宝在维护自己物权方面能力不够。

在一定意义上，不管是输还是赢，只要是看到别人的东西好就抢，或自己的东西被抢，都不利于孩子的社会化，需要父母给予正确的引导。

☆ 抢赢了，教沟通；抢输了，教维护物权

社会交往需要通过正常的方式进行，抢赢了无限开心，抢输了无所谓，都暴露了宝宝社会沟通技能方面的不足、情绪情感发育不完善。

1. 抢赢了，教沟通

当宝宝抢赢了后，妈妈要意识到宝宝这么做很不好，而硬性压抑，把玩具从自己宝宝手里拿过来给对方，或任意放纵，不管不顾让宝宝享受别人的物品，都不恰当。

当宝宝抢别人的玩具时，妈妈要让宝宝明白，这么做不对，他可以用更恰当的方式争取玩到那个玩具。

“宝宝，你刚才拿了平平的玩具车，平平哭了，他看起来很伤心。他最爱这辆玩具车了！”“请你先把这辆小汽车给我！我们不从别人手里抢玩具，如果你想玩儿，你可以问：‘平平，等你玩儿完了把这辆小汽车给我玩儿可以吗？’”“如果你想玩这个玩具，还可以拿另一个玩具去问问，可不可以换着玩儿。”如果宝宝听懂了，他就会把玩具还回去。

玩具还回去后，对被抢玩具的宝宝说：“瞧瞧，平平多伤心！

这个玩具真是很不错！他太想玩儿了，如果你愿意，可以和他换着玩儿啊！”

2. 抢输了，教维护物权

如果宝宝总是丢玩具、被抢玩具，还不在乎，对于这样的宝宝，如果只是安慰他会导致他更加懦弱。即使力气不够，抢不过别人，也不是丢掉自己玩具的理由。

妈妈可以告诉宝宝这样对抢玩具的宝宝说：“玩具是我的，如果你想玩儿，可以征求我的同意，我会让你玩儿一会儿！”这样的话语，其实是强化宝宝对自己物品所有权的重视，提升其战胜抢东西宝宝的信心。

通过这样的教育，能够促进宝宝情绪情感的健康发育，提升宝宝的有效沟通能力。

3. 不贴标签

当宝宝抢别人东西的时候，有的家长习惯称他为“小强盗”。其实，这么给孩子贴上负面的“标签”，不但误解了孩子，而且容易导致缺乏是非观念的孩子真的养成抢的习惯。

孩子可能分不清什么是你的、我的，当别人有什么东西的时候，自己也想有，不由自主地伸手去拿了。这个时候，提升其认识最关键。妈妈说：“那是小朋友的，咱们家里有，咱们回家拿！”也可以说：“你问问小姐姐，给你玩儿一会儿行吗？”这样，在孩子心中树立一个东西是别人的，想玩儿要好好跟人家商量，或者去家里取自己的玩儿的观念，而不是伸手就抢。

宝宝追着小哥哥、小姐姐玩儿

甜甜3岁，最喜欢和比她大的小朋友玩儿。一天，奶奶带她出去玩儿，转了一圈儿，都没有找到朋友。这时，奶奶看到有几个稍大点儿的孩子在玩过家家，甜甜拉着奶奶的手往那边走，靠近后，那几个孩子说：“我们不跟你玩儿！”

奶奶没办法，想带甜甜走，可她就是不走，带着一脸的羡慕，蹲下来看着人家玩儿。

混龄交往利于成长

宝宝多与不同年龄的伙伴交往，能够促进其心理发展，提升其各项能力。

1. 与小宝宝玩儿的好处

年幼宝宝外形较小、能力不强，对大宝称呼哥哥或者姐姐，更能触动大宝的友好意向，唤起给予行为，有利于培养大宝的同情心，增强自信心。

如果大宝的自我评价较低，在和小宝一起玩儿的过程中，会发现自己很多值得自豪的本领，并在照顾弟弟妹妹的过程中获得成就感，进一步消除自卑感。

2. 与大宝玩儿的好处

苏联心理学家维果茨基提出，个体无法独立完成，但在有能力的他人指导和鼓励下可以完成的复杂任务叫最近发展区。在父母的指导下，大宝会帮助和照顾小宝，这个过程为小宝提供了一种行为的榜样，小宝会学得更快，对待玩伴更友善，更愿意参与到集体活动中来。

在孩子之间的交往中，一些喜欢欺负人的宝宝会被排斥，甚至被大宝教训，促使他们寻找受欢迎的方式与大家交往，克制其暴力和蛮横的行为。

3. 对大宝、小宝共同的好处

混龄交往扩大了宝宝的交往范围，可以接触到各种年龄、性别、个性的宝宝，能锻炼宝宝的交往能力。

维果茨基认为，儿童通过与更有能力的个体交往获得新技能。不同年龄的宝宝在社会认知、情感能力及行为技能等方面发展水平不同，混龄交往增加了不同龄宝宝在一起学习、生活、游戏时发生认知冲突的机会，从而创造出新的“最近发展区”，推动儿童经过“最近发展区”向更高的水平发展。

混龄交往改变了独生子女唯我独尊的优越感和孤身一人的孤独感，促进了他们正常社会化。置身于“兄弟姐妹”的环境中，不得不以哥哥姐姐的身份去照顾更小宝宝的需求，或需要面对哥哥姐姐的各种权威命令。

★ 建立混龄交往圈

带宝宝出去，无须指引，只要放手，小宝就会跟在大宝身后，无限崇拜地跟他们学习，挨欺负、受委屈、被冷落，他们都不在意！小宝愿意做大宝的“粉丝”，妈妈当然不应阻止了。

1. 有意创建一个玩耍大家庭

宝宝在外边玩儿，都有照顾者陪伴。照顾者彼此熟悉，友好相处，亲切互动，孩子们就容易玩儿到一起。根据居住圈，建立一个玩耍大家庭，一起旅行，互相串门，分享美味，交往圈就建立起来了。

有了圈子，就剩下相处了。宝宝在一起，一定会有不和谐的音符，父母放宽心，不要计较谁吃亏、谁占便宜，公平不公平，孩子就能自己解决问题。

2. 参加社会活动

当下，早教中心很多，它们不仅给孩子提供了玩耍、智力开发的机会，也促进了家长与孩子之间的交流，多带孩子参加这些活动，能促进孩子交往能力的提升。

3. 防范莽撞行为

3岁前，处于自我意识发展的关键期，很多宝宝以自我为中心，不高兴了，不知道怎么表达，可能会伸手就打，这种情况下小宝宝容易吃亏。父母要注意看好宝宝，同时教会宝宝一些自我防范的技能，迅速躲闪、灵活转身、大声呼救等。

较大一些的宝宝，有了更强烈的个人喜好和占有欲望，可能会“恶意”欺负小宝宝。不管是动手打人，还是孤立谁，父母都要及时制止，回家以后还要好好教育，以免形成不良的社会交往心理。

4. 教会宝宝不惹恼大宝宝

小宝有的时候会让大宝觉得“讨厌”，动手敲打大宝，弄坏大宝的物品，抢大宝的东西，不懂得游戏规则等。妈妈除了要做大宝的工作外，还要在家里好好教教小宝。告诉小宝，如果想玩哥哥的玩具，先问问哥哥让不让玩儿，被允许了才能玩儿。

好吃的不给别人，自己快速吃掉

晴晴和灿灿是好朋友，经常一起玩儿，如果困了，她们还挤在一个被窝里睡觉。她们一天不见，就会彼此想念，哀求妈妈，和晴晴玩一会儿去吧！或者和灿灿玩一会儿去吧！都这么好了，有好吃的肯定要分享了！

一天，灿灿在晴晴家玩儿。两人玩儿着玩儿着饿了，妈妈拿出面包和香肠，她们都要吃香肠。但香肠就一根，只能分成两段了。妈妈刚准备分香肠，晴晴一把抢过香肠，一口又一口，没几口她就吃完了。

看着女儿鼓鼓的小腮帮，妈妈又好气又好笑地说："你这孩子，你怎么自己吃了呢？"

3岁前，宝宝以自我为中心

瑞士著名儿童心理学家皮亚杰认为2～7岁的孩子倾向于从自己的角度出发看待事物和进行思考，儿童认为别人的思考和运作方式应该与自己的完全一致。儿童还没有意识到别人可以有与自己完全不同的思考方式，所以，皮亚杰把这个特点称为"自我中心"。

按照皮亚杰的认知发展理论观点，"自我中心主义"是个体心理发展的必经阶段，在心理发展的每一个阶段，它都由一种形式向另一种形式转变，即更高的形式代替了较低的形式。婴幼儿自我意识发展的水平还较低，不能清楚地区分主体和客体的关系，常常以自己的需要和兴趣为中心观察世界，认为周围的人和事物都跟自己密切相关。

他往往从“自我”出发来进行行为选择和活动设计，而不考虑他人。在面对物质分配的时候，表现出强烈的占有欲，不管别人怎么样。比如，宝宝饿了就要吃，他喜欢吃的东西，是不许别人吃的；即使他不吃，也不让别人吃。

在大人看来，这种占有欲很过分、很自私，忍不住想教训孩子一顿，甚至强行从孩子手里分出一部分给别的孩子。这并不是很好的教育方法。3岁前的宝宝，还不很明白“我的”的意义，对自己的东西看得很紧。这个时候，尊重孩子的物品所有权更有利于宝宝分清“我的”“你的”“他的”。宝宝只有懂得了保护自己的所有权，才会尊重他人的所有权，才会把自己的东西与别人分享。

★ 引导孩子分享，不可强迫

3岁前，宝宝很迷恋小伙伴，相互追着一起玩儿。玩儿归玩儿，如果把自己的心爱之物给对方，就不那么容易了，需要妈妈花费一些心思，教宝宝学会分享，才能让孩子之间的友谊更加深厚。

1. 不要强迫宝宝分享

宝宝在建立物权意识，享受“占有感”，不愿意与人分享事物、玩具，甚至摸摸都不可以。妈妈要尊重宝宝的所有权，不强迫宝宝分享，帮助他区分哪些是自己的，哪些是别人的，并确立一种认识：自己的东西自己做主，要分享别人的物品需要征得对方的同意。

这么做不是小气，而是帮助孩子建立物权意识。只有当宝宝逐渐清晰“我的”和“你的”的界限，他才愿意用自己的东西和别人的进行交换，真正懂得和学会分享。

2. 营造一个分享的环境

在家里，不妨多准备一些好吃的东西，大家一起吃，宝宝感受到了共享的快乐，也就会学着和大家一起吃。

当宝宝把自己的零食给大人吃时，大人一定要吃，还要说谢谢宝宝。妈妈给宝宝准备了好吃的，开始享用前，对宝宝说："请爸爸一起吃！"如果有祖辈，更要说："给爷爷奶奶送过去！""请爷爷奶奶一起吃！"

3. 抓住分享关键期，加强引导

1.5～2岁是儿童分享行为能力发展的关键期，父母要抓住这个时期，在日常生活中加以引导。比如在宝宝与他人共处时，妈妈带一些带小包装的小食品，东西多，宝宝不吝啬，让他主动送给别人吃；也可以带一些玩具，大家交换着玩儿。

妈妈一定要记得，分享是做出来的，而不是吩咐出来的。"给其他宝宝玩一玩""给其他宝宝吃一些"这样的话对宝宝的指导意义不强，妈妈可以多带出去一些，让宝宝挑一两个分享出去，才能强化宝宝的分享意识。

4. 接受别的妈妈的盛情

很多妈妈懂得分享，会主动把带来的食物给宝宝吃，这个时候，妈妈一定要热情地接受。即使宝宝已经吃饱了或者不太愿意宝宝吃自己不熟悉的食物，妈妈都要接过来。只有接纳别的妈妈的盛情，感激地说"谢谢"，才能营造出一个分享的环境。

宝宝独自玩耍

强强3岁了，个子高高的，像五六岁的样子，由于生日小，还没上幼儿园。平时父母上班，他就跟奶奶玩儿。小区里的宝宝很多，到了周末，妈妈就带着强强出来玩儿。当宝宝们一起玩儿的时候，强强却蹲在一边，不是看蚂蚁，就是叠飞机，或者玩遥控车。虽然一个人，他却玩得很有兴致，玩儿够了，就看其他小朋友玩儿，就是不加入进去一起玩儿。

导致宝宝独行的几个常见原因

宝宝常常一个人玩儿，从心理学的角度来看，不合群的人可能性格孤僻，这种孤僻和自闭症、抑郁症等病因形成的孤僻状态不一样，却有一个共同点：不喜欢交往或者说不能很好地与人交往。

导致宝宝独行有几个常见原因。

1.2岁前，“非社会性游戏”

宝宝在2岁前，处于非社会性游戏阶段。这个年龄段的宝宝，常常独自游戏或者旁观游戏。2岁以后，才会学着参与到其他儿童的游戏中去。如果宝宝和别的小朋友在一起，能够和睦相处，不生疏，不回避，那么父母进一步引导宝宝和小朋友一起游戏，就不是问题。

2. 性格内向

性格内向的孩子喜欢沉默和独处，和一群人在一起会感到累，妈妈并不懂得宝宝的气质特点，没有帮助孩子建立起“一对一”的朋友关系，即使有时想融入群体，也不知道怎么加入。

3. 圈养的孩子

圈养的孩子不善交往，社会知识少，跟群体成员没有共同话题，显得思维缓慢，容易被忽视，失去交往的信心，便脱离了群体。

4. 自私

自私的宝宝不懂得分享，不愿意帮助别人，游戏或玩耍时，以自我为中心，屡次侵犯别人的利益后便不被接纳了。

5. 得罪了群体中的“头儿”

在一些交往群体中，总有一个或者几个核心人物，他们仗义、肯助人，得到大家的拥护。如果谁得罪了这些人，就成了异己。在孩子的群体中，年龄大一些的宝宝往往是小宝宝的“头儿”。

无论什么原因，不合群的人往往是站在群体的对立面、被群体所排斥的人。父母不能简单地把不合群归结为孩子不团结而进行教育。

★ 玩儿到一起的几个方法

宝宝成长的过程需要和小朋友一起玩儿，以便学会相处，发展品质，这件事和吃饭、睡觉一样重要。当宝宝常常独自玩耍，不能融入群体的时候，妈妈要巧妙引导，不然，宝宝会离大家越来越远。

1. 出去玩儿，带上吃的

宝宝每天都要出去玩儿，小区里、公园里，见面的次数多了，就互相认识了。带宝宝走进人多的地方，拿出吃的，让宝宝分给其他小朋友，这样会得到家长和小朋友的感谢，宝宝心情舒畅，乐意和大家在一起。

别的小朋友给吃的，宝宝可能会扭捏，妈妈要鼓励宝宝大方地接过来，并向对方表示感谢。同时，妈妈可以告诉宝宝，能一起分享好吃的、好玩儿的，还能一起做游戏。

2. 请朋友来家里玩儿

请朋友来家里，有一个很关键的问题，就是宝宝是否愿意跟朋友一起在家里玩儿。

准备一些适合宝宝吃的饼干、水果、饮料等，放在茶几上，也可以在木地板上铺上垫子，再放一些玩具，做好准备后，就可以迎接宝宝的小朋友了。

作为主人，爸爸妈妈要甘心做服务人员，随时待命，等着宝宝们求助；宝宝呢，更要有小主人的热情和主动性，不吝啬，让小朋友尽情地玩耍，小朋友有什么需要，尽量满足。

3. 有一两个固定朋友

大家一起玩儿，总会有几个特别合得来的，妈妈志趣相投，宝宝也能玩儿到一起。大家可以一起相约去较远的地方，公园、博物馆、花博会等。到了外边，大家互相帮助，宝宝更能体会到团体的力量，产生“我们是一个集体”的认识，就能学会维护团队利益了。

领导者素质：开始指挥别人了

“妈妈，我要吃香蕉，你去给我拿！”“你去那边，别老跟在我身后！烦人！”“这双鞋子如果不能穿，就送出去！”“妈妈，我要洗澡！要穿那件新买的睡衣！”……3岁左右的宝宝喜欢发号施令了，一副小大人的样子，有时甚至会搞得妈妈晕头转向！

3岁，宝宝开始发号施令

一般来说，宝宝在3岁以后，自我意识开始增强，似乎特别想证明自己的强大，处处表现出自己的过人之处。

妈妈洗碗，他撸起袖子，站到水池边，告诉妈妈去看电视，他来替妈妈洗。妈妈不让，他就大哭；说他洗得不干净，他就使劲儿放洗洁精，搞得到处都是沫子。

妈妈下班回家，换上家居服，准备干活儿，宝宝有意见，拉着妈妈非要让她穿上外出服不可。理由很简单，因为外出服好看。宝宝真的是在意好看不好看吗？其实是宝宝喜欢发号施令。那么，除了自我意识发展外，宝宝爱发号施令还有哪些原因呢？

1. 先天的气质特点

有的宝宝天生就有领导气质，比如，胆汁质的人就具备先天的领导素质，做事情干脆利索，积极主动，很有号召力。大人的赞赏让宝宝很舒服。

2. 父母忽视宝宝

被忽视的宝宝，总想在强大的父母面前挣得一些面子，于是，就抢着做事，命令其他小朋友；还要征服父母，和父母对抗，指挥父母做事。

3. 学来的

宝宝看了动画片，里面有发号施令的画面，宝宝会觉得很气派，于是就跟着学。

4. 逆反

如果父母喜欢命令宝宝，他很快就习得了不容置疑、绝对权威的说话方式，现学现用，来对父母发号施令。

★ 接纳阶段性反应，不伤宝宝心

宝宝指挥小朋友，如果能够得到响应，父母只需留意宝宝指挥的方式，只要不盛气凌人、欺负人就行。当宝宝想“指挥”大人时，能服从就服从，不能服从要跟宝宝讲清楚。

1. 不要在外面指挥、否定宝宝

生活中，如果不得不带宝宝去参加一些婚礼等正式场合的活动，而宝宝正迷恋发号施令，妈妈要记住，在宝宝面前沉默点儿，不要指挥他做事，更不要否定他的行为，如果他让你做什么，要求合理，就满足他；如果他无理取闹，就赶紧带他离开现场，以免影响别人。

2. 少对宝宝说“不”

这个阶段，宝宝比较逆反，你越是不让他做，他越要试一试，如果想用“别这样”“不能这么做”等话阻止宝宝，根本达不到规范其行为的目的。

3. 远离控制欲强的人

如果某个成人对宝宝的控制欲很强，甚至不在意宝宝的感受，更不懂得宝宝的心理，那么，就要让宝宝远离这样的人。因为这样的人容易给宝宝贴上不听话、倔强、逆反的标签，使得宝宝更加不合作。

4. 宝宝忙着玩儿，不要打扰

宝宝做事情或者玩儿的时候，不要打扰，更不要阻止，否则，他会产生抵触情绪并反抗。如果父母确实有话要说，应蹲下来，摸着宝宝的肩膀，和宝宝商量。

5. 多征求宝宝的意见

宝宝想发号施令、控制别人，显示自我的存在。父母如果满足了孩子的需要，多征求他的意见，就增强了他的自我存在感。宝宝提出自己看法的过程，也是其思考的过程，有利于大脑发育。

6. 孩子命令他人，纠正一下语气

如果孩子用命令的语气说话，家长要及时纠正。让孩子明白，好好说话，以商量的语气沟通，会取得更好的效果。

宝宝见生人就哭

冰冰是一个8个月大的小女孩，妈妈带她出去玩儿，碰到了中学同学，对方一眼就喜欢上了冰冰，伸手一摸，冰冰却哇哇大哭，弄得对方很不自在。

怯生期是宝宝的交往成长期

很多孩子在6～8个月，会表现出怯生。一般来说，4个月以内的宝宝，对任何人都怀有新鲜感，会报以微笑；5个月左右，面对陌生人会出现“警惕性的注意”现象；6个月左右的宝宝在见到陌生人时会出现较明显的严肃、紧张的神态，对妈妈则最为依恋；8个月左右的宝宝在见到陌生人时会有哭闹、回避等较强烈的情绪反应，怯生表现达到高峰。

随着宝宝逐渐长大，其怯生反应会逐渐减弱。当然并不是所有的宝宝都有怯生表现，也不是所有的宝宝都会随着年龄增大不再怯生，宝宝怯生与他的性格、养育方式、成长环境有关。

怯生是宝宝心理发展过程中的一种正常现象，从一见到陌生人就盯着看到见了陌生人搂紧妈妈的脖子，是其心理发展进步的表现。

宝宝怯生让新手妈妈苦恼不已。其实，几乎每个宝宝在一段时期都会经历这个所谓的“怯生期”，怯生是宝宝感知能力、辨别能力、记忆力及人际交往能力获得发展的体现。

不同宝宝有不同的气质特点，容易抚养型宝宝适应环境的能力强，妈妈适度引导就能接纳陌生人；抚养困难型宝宝适应环境能力差，对新异刺激消极被动，见到生人可能会大哭。如果宝宝缠着妈妈，妈妈要保持耐心不让宝宝过多焦虑。

★ 做宝宝的社会参照，度过怯生期

宝宝的怯生行为，可以在妈妈有效的帮助下消除，这个过程也让宝宝学会了交往。

1. 妈妈一定要热情

如果陌生人先与父母热情地聊天谈笑，再与孩子玩儿，可以最大限度地减轻孩子的不安，社会学家称之为“社会参照”。婴儿把自己信任的大人作为参照，来决定自己该怎样做出反应，父母通过自己的言谈举止告诉宝宝该怎么办，能够消除婴儿怯生的心理。

2. 给宝宝介绍“陌生人”

妈妈拉着宝宝的手，对宝宝说：“这是刘阿姨，是你最喜欢的欢欢姐姐的妈妈，她很喜欢你。你那件小裙子就是刘阿姨送的，很漂亮啊！”把陌生人与宝宝熟悉的人、喜欢的人联系起来，能够拉近彼此的距离。

3. 多带宝宝接触陌生人

在宝宝还不懂怯生的时候，妈妈可以有意识地带宝宝走出家门，和小朋友一起玩儿、见见小区里的人，这个过程有助于宝宝将来尽早适应可能接触到的各种环境。

有些宝宝只喜欢让妈妈抱，除妈妈之外的其他家庭成员一抱就哭，这是因为宝宝平时接触的外人过少，每天只能看到爸爸妈妈。

妈妈可以尝试着让其他家庭成员多抱抱宝宝，在他们抱的时候妈妈可以暂时离开一会儿。让宝宝慢慢熟悉除爸爸妈妈之外的其他人。可以先从家里人开始练习，然后再是其他不熟悉的人，比如爸爸妈妈的同事、朋友、邻居等。

宝宝一般比较喜欢年轻女性和小宝宝，因此，让宝宝接触陌生人可以先从这些人开始。当带宝宝到户外玩耍、去亲友家或有友人来家中做客时，妈妈可抱着宝宝先与阿姨或者小朋友打招呼，让宝宝逐渐意识到除了家里人外，周围还有许多别的人，他们也都是和蔼可亲的，用不着害怕。妈妈可以根据宝宝的这些特点，尽量围绕其喜好来扩展宝宝的人际交往圈。

宝宝喜欢在人面前表现

妈妈生病了，不能去单位。同事来到家里，跟妈妈请教一个工作上的问题，时间很紧迫。冰冰围着她们转，一会儿摸摸阿姨的头发，一会儿蹭到妈妈腿上坐一会儿，还时不时地冲阿姨吐舌头，很影响妈妈工作。于是，妈妈拉着阿姨进了卧室，关上门。冰冰在外边大哭，弄得阿姨很不好意思。

宝宝爱表现的几个原因

两三岁的宝宝喜欢在人前表现，是内在需要的流露，父母要理解这一点，充分满足宝宝，才不会被宝宝搅局。

1.自我意识发展，表现欲被忽视

宝宝在3岁左右，基本形成了自我概念，特别在意个人的存在感，希望大家重视他，把他当成一个独立的个体。于是，想出各种方法来吸引大家的关注，做鬼脸、跳舞、唱歌、大声尖叫，宝宝的社会自我刚刚发展，他当然不知道这么做会影响自己的形象，不被人喜欢。

2. 气质活跃，却经常被圈着

性格外向的孩子喜欢交际、喜欢与人聚会，在与人接触、交往的活动中获取能量。独自待着会烦闷，会让他觉得身心乏味，有一种小鸟要飞出笼子的感觉。

带宝宝出去，到处跑、随意摸，对什么都感兴趣；吃饭不老实，用小勺敲打餐桌……如果活泼的宝宝总是被圈着，家里来人时，当然要表现一下了，唱歌、跳舞、聊天，都是他热衷的事情。

3. 好奇心驱使

两三岁的宝宝已经开始留意大人的行为了，他特别想知道大人在干什么。大人越是神神秘秘，让他回房间玩儿，他越好奇，于是就会找借口留下，看个究竟。

☆ 给宝宝表现的机会

只有当宝宝有足够的表现机会，交往的需要获得了满足，他才能以平常的心态看待交往。

1. 把宝宝当成重要一员

当家里来了客人，妈妈郑重地把宝宝介绍给客人，给宝宝与客人聊天、玩耍的时间，玩儿一会儿后，对宝宝说："叔叔要跟你爸爸谈工作了，宝宝去玩儿吧！"这个时候，宝宝会很开心地自己玩儿。

2. 不要批评

大人一起聊天时，宝宝突然插进来，耍宝、缠人，父母觉得没面子、失礼，把问题归结为孩子不懂事。为了挽回面子，让客人心里舒服，往往会批评孩子几句。

其实，孩子只是想加入到群体交流中去，享受大家在一起的快乐，并不觉得自己错了，被批评当然不高兴，伤了自尊，很委屈，于是就会大哭大闹。所以，父母不要轻易批评孩子，要关注孩子行为背后的心理需求。

3. 平时多关注宝宝

妈妈经常和宝宝在一起，游戏、聊天，带宝宝去与人交往，满足了宝宝的情感需要，宝宝的独立性日益增强，当家里来客人了，宝宝会变得更加懂事和讨人喜爱。

iPad是宝宝的好保姆吗

有人说指尖滑一滑，宝宝笑哈哈。一点儿没错！对于一两岁的宝宝，只要能站、能坐、能走路，手指能够自由活动，就具备了一定的玩电子产品的能力。

曾经在网上看到一个帖子，说是家庭聚会的时候，7个孩子吃饱了全玩iPad。家长觉得孩子玩儿自己的，就不会耽误家长聊天、喝酒，于是任由孩子去玩儿。在家里也一样，有了iPad，保姆都清闲了，宝宝玩儿起来可以一天不哭、不闹、不捣乱。很显然，iPad已经成了最好的保姆，事实真的是这样吗？

手不离iPad会影响智力发展

在我们的身边，要想找一个没有、不玩iPad的孩子很难，iPad操作简单、使用方便、内容精彩，已经成了越来越多孩子手中的玩具，而且，会用iPad的孩子的年龄也越来越低。把iPad比喻成孩子的保姆一点儿都不为过。虽然iPad解放了父母、哄好了孩子，但是，iPad真的不是好保姆。

1. iPad影响宝宝智力发展

长时间使用iPad一类的电子产品，可能会扼杀孩子的想象力和创造力，3岁以前过早接触电子媒体，会对婴幼儿的大脑发育产生一定影响。“因为电子产品上信息变换太快，触屏操作也很快，孩子往往还来不及想，就进入了下一个画面，超过了幼儿的接受能力，而且没有互动，长此以往，孩子会懒得去思考问题。”

专家建议，最好用纸质材料促进婴幼儿的智力开发，婴幼儿翻书的时候，同时也是在进行理解、记忆，在头脑中整合，而电子产品是一种被动的理解。

有的家长觉得iPad上有很多益智类的软件，可以讲故事、学写字，买来正好给孩子当早教机用。这个没有错，但是，3岁前，宝宝的智力开发不是读书写字，而是要宝宝多运动，充分调动宝宝的感知系统，多观察、多触摸，充分发展宝宝的想象力、创造力以及表达能力。电子产品有图像、声音，容易引起孩子兴趣，但过分依赖iPad这种电子产品，可能会扼杀孩子的想象力和创造力。

2. 玩iPad太久，伤害视力

上海市儿童医院儿保科副主任陈津津表示，幼儿的眼轴比较短，视觉系统发育还不成熟，如果在6岁以前常常用眼疲劳，极易让孩子发生近视、散光、弱视或者斜视。iPad图像变化快而且屏幕不大，画面颜色鲜亮，游戏种类多而且很有趣，宝宝在玩儿的时候常常眼神很专注地盯着，当孩子的眼睛长期聚焦在某个点上，在视觉系统发育还不成熟的情况下，很容易产生视觉疲劳。如果你的孩子喜欢眯眼、揉眼睛，可能就是因为玩iPad时间过长引起的。

3. 损害渴望交流的天性

3岁前是宝宝语言发展的关键期，玩iPad的时候宝宝不需说话，也没法说话，这样他内心的一些感受和想法就失去了倾诉的机会。这就削弱了孩子和其他人面对面沟通的能力，甚至觉得不需要与人沟通，孩子的内心会觉得孤单和寂寞，不利于其身心健康成长。

★ 和iPad和平相处

如果你的孩子热衷于甚至迷恋于手机、电视、iPad之类的电子产品，如何让“屏幕宝宝”不会受到电子产品的负面影响？父母可以通过以下方法减少孩子对电子产品的迷恋。

1. iPad可买可不买

很多经济条件不是很富裕的家庭之所以给宝宝买了iPad，是觉得别的孩子都有，自己家没有，怕宝宝难以融入伙伴中间，会因此自卑。有的父母是见孩子喜欢、好奇，玩起来不打扰自己，而且觉得有助于智力开发，就买了。以上理由都不能够成为给宝宝购买iPad的科学依据，我们的任何做法都应以有利于孩子的成长为基础。

2. 妈妈多陪陪宝宝

如果我们让宝宝做一个选择，是愿意和妈妈一起玩儿还是自己玩iPad？答案一定是前者。那么，当父母有时间的时候，就多陪陪孩子吧！和宝宝共读一本书，一起玩玩具，到户外溜达溜达，逛逛儿童乐园，等等。在这个过程中，既让孩子体会到了妈妈的温暖，妈妈也了解了孩子的心愿，形成了良好的亲子沟通氛围。同时，也真正满足了孩子的成长需要，促进了宝宝身心的和谐发展。

即使iPad能够讲故事，也不如父母讲效果好。iPad讲宝宝只能听，而妈妈讲的时候，宝宝可以靠在妈妈怀里亲热，随时提出问题，在这样的互动中，宝宝得到了更多的安全感，更高效地学习了书本的知识，这是iPad无法替代的。

3. 父母不迷恋iPad

有的父母一天到晚手机、iPad不离手，上网、聊天、玩游戏，孩子见到就学到了，所以，父母要想让孩子不痴迷iPad，自己先要做个懂节制的人。

4. 别用iPad“绑架”孩子

有时，宝宝哭闹起来没完没了，而且没有道理可讲，很情绪化，搞得父母头昏脑涨。为了尽快让孩子安静下来，iPad就成了救急用品。果然有效，只要把iPad扔过去，孩子就只顾玩里面的游戏，不哭不闹了。

有位妈妈发现儿子玩iPad时很安静，每次带儿子和朋友见面，都给儿子带上iPad。这样，自己就可以随心所欲地玩儿了。孩子逐渐长大，妈妈发现即使朋友们想跟他玩儿一会儿，他也不愿意，而是自己躲到角落里玩iPad。妈妈觉得，自己的儿子被iPad“绑架”了，以后出门，她再也不给儿子带iPad了。

如果妈妈搞不定宝宝的时候，把iPad作为“交易筹码”，当宝宝不吃饭、哭闹、要某件物品的时候，跟宝宝说“吃饭就给你玩儿”“如果你不哭，就给你玩iPad”“别要这个东西，给你玩iPad”，那么，你的孩子就容易逐渐被iPad“绑架”。

5. 给孩子一定的玩iPad的时间

iPad是时代发展过程中诞生的先进产品，丰富了人们的生活，如果父母坚决不让孩子玩儿，会让孩子觉得自己落后于伙伴、不融于时代，陪伴和引导孩子玩iPad，增强亲子互动，也能掌控孩子玩儿的时间。鼓励孩子跟其他的小朋友一起玩儿，以增强其协作能力和社会交往能力。

儿保专家建议，两三岁的孩子尽量不要接触iPad之类的电子产品，大一些的孩子要限定时间，每次半小时，每天不超过1小时。

Chapter 05
自我控制力：小小人，有意志

小宝宝有时很听话，饿了，妈妈冲奶，让他等一等，他就等着；大大的蛋糕，要切开了，妈妈不让摸，他就不摸……宝宝自我控制力强，为今后的良好发展打下了一定的基础。

3岁看大，你培养宝宝的自控力了吗

成诚2岁半，有一段时间，妈妈买完东西他就要吃，不给吃，就急得不行。妈妈知道，这是他从小养成的坏习惯，不能再纵容了。于是，每次买完东西，成诚即使再想吃，妈妈都不答应，而是告诉他回家再吃。刚开始，成诚会哭闹，妈妈不妥协，慢慢地，成诚变得能控制自己了。

幼时自控力决定成功和健康

自我控制能力属于意志品质的范畴，是一种有意识地确立目的，调节和支配行动，并通过克服困难和挫折，实现预定目的的能力。

杜克大学和伦敦大学国王学院的心理学教授泰利·莫菲特与一组研究人员研究了1972年和1973年在新西兰出生的1000人，从这些人出生一直跟踪调查到32岁。

研究人员将自我控制能力定义为自我觉悟、自我约束和毅力，以及能够在决策中考虑行动的后果。

在学龄前无法自控的儿童出问题的概率是成年后无法自控的人的3倍。他们更容易有犯罪记录，贫穷或有经济困难的可能性更大，更有可能成为单亲家长。

成功的关键涉及三个因素：智力、家庭的社会经济地位和自我控制能力。莫菲特的研究发现，即使参与者具有不同的社会地位和智商，自我控制能力则预示了其成年后的成功。智商和社会地位很难改变。但莫菲特说，有证据表明，自我控制可以习得。“同卵双胞胎的自我控制能力并不一样，”她说，“这告诉我们，这是他们学到的东西，而不是遗传来的。”

★ 培养宝宝自控力的几个关键点

要想宝宝具有一定的意志品质，控制自己，自觉、果断地做出一些选择、决定，坚定地做完一件事情，需要从小培养。

1. 搞清延迟满足的意义

我们延迟满足孩子的需要，让孩子懂得任何人的想法都有不能或无法满足的时候，放弃一些想法很正常，这样，宝宝就能忍耐愿望得不到满足带来的失望，逐渐形成克制欲望、理解他人的能力。

对于宝宝饿、身体不舒服、冷、累等基本的生理需要，不要延迟满足，尤其是对3岁前的宝宝，他们的身体机能没有发育好，比较容易饿、容易累，延迟满足不利于其身心健康。

2. 以心理健康为基础

培养宝宝的自控力，不等于无视宝宝的生理需要，饿了不给饭吃、渴了不给水喝培养不出心理健康的孩子，即使培养出了自我控制能力，也是自我折磨型的，是一种不健康的人格。

3. 要求要符合宝宝实际

3岁前，宝宝的专注力也就十几分钟，给他一个半个小时才能完成的任务，难度很大，与宝宝好奇心强、渴望新奇的心理特点相悖，会让宝宝产生挫败感，并因此讨厌同类事件。

4. 面对诱惑，快步走开

一天，我遛弯儿的时候见到一个小孩，被妈妈抱在怀里哇哇大哭，身体够向土堆的方向。妈妈说："玩儿一会儿就行了，天黑了，回家！"

原来，路过土堆，宝宝想玩土，天晚了，有蚊子，妈妈不答应。起初，宝宝哼哼唧唧，妈妈不忍心，打算让宝宝玩儿几分钟就回家，十几分钟后，宝宝还是玩儿得不亦乐乎。

宝宝想做一件不能做的事情，如果妈妈无法满足，最好的办法就是赶紧带宝宝离开，不要奢望浅尝辄止。

延迟满足有利于提升自我控制力

妍妍是一个2岁的小女孩，每天脸上都挂着满足的笑容。妈妈觉得这与自己对孩子细心照顾、及时满足孩子的各项需求有关。

可是，她的朋友却说，延迟满足一下孩子的需求，更利于孩子成才。妍妍的妈妈有点儿纠结，她不知道究竟应该怎么做，才是对妍妍最好的教育。

关于满足和延迟满足

延迟满足是个体有效地自我调节和成功适应社会行为发展的重要特征，是一种为了更有价值的长远结果而主动放弃即时满足的抉择取向，属于人格中自我控制的一个部分，是心理成熟的表现。

延迟满足宝宝的需要，能帮助宝宝学会克制、等待、放弃、珍惜、理解，对其今后的学习、交往、工作都有好处。

延迟满足实验的被试选择的是4岁以上的孩子，实验证明，4岁以上的孩子如果延迟满足，能够提升自我控制能力。3岁前，特别是1岁前，是培养宝宝对这个世界信任感的重要时期，及时满足他的生理需要才是正确的教养。

☆ 3岁后，合理需要也可以延迟一会儿

如果你发觉宝宝的自我控制力不是很强，想要什么就得马上拿到手里；想离开一个地方，一会儿也待不住，不能等任何人。那么，从3岁以后，就延迟满足孩子的一些需要吧！

1. 合理需要也可以延迟一会儿

到了用餐时间，宝宝饿了，要吃的，妈妈正有事情做，可以和宝宝商量："妈妈正忙，5分钟以后，给你热饭！宝宝乖，5分钟，很快就过去！"延迟5分钟，对3岁的宝宝来讲，已经不是问题。如果宝宝哭闹，妈妈可以给宝宝一个新奇的玩具或者图书，都能分散他的注意力。

2. 不合理需要绝不满足

带宝宝去超市购物，看到好吃的，他会伸手拿一个。这个时候，告诉孩子："妈妈给你买，买完回家吃！"买完后，不管宝宝怎么央求或者发脾气都不能满足。一次、两次不满足，宝宝就会慢慢养成买了东西回家吃的习惯，自我控制能力就提升了。

3. 提出要求，拖延几天

宝宝提出的要求，属于愿望范畴，一般都可以拖延一下。宝宝跟妈妈说："我要去游乐场玩儿。"妈妈可以答应孩子，但时间往后拖一下，告诉宝宝："妈妈这些天很累，每天要工作，还要照顾家里，最近还帮助亲戚家做事，这个周末，妈妈先休息一下，下周末，我们再去！"柔声细语地跟宝宝商量，宝宝很容易答应。

不抱，就不走

有位妈妈说："我家儿子一出门就让抱着，自己一步也不走，如果不抱，就会大哭。但是到了目的地，他玩儿得好着呢！3岁的宝宝，应该可以自己走了，也想让他锻炼身体，可是宝宝不走啊！有的时候看着宝宝哭得可怜，觉得宝宝可能缺乏安全感就抱起来了，可事后又后悔，不知道该怎么办！"

像这样既想锻炼宝宝又担心对宝宝的爱不够而为此纠结的妈妈着实不少，遇到这种情况怎么办呢？

不抱，防止宝宝懒惰

很多已经能够健步如飞的宝宝出了门不走，哼哼唧唧，伸出胳膊让妈妈抱着，不管妈妈能否抱得动。宝宝会走以后，就不该总让妈妈抱着了，因为抱着不但不能锻炼宝宝的身体，还会使宝宝变得懒惰。

懒惰的人，小的时候不想出力，不想费脑筋；长大了，缺乏独立能力，没有生存的本领，为了生活下去或者生活得好一些，他们会异想天开，想不劳而获、一劳永逸、一蹴而就、依赖他人，这些想法会让人丧失斗志和勇气，无法获得大的发展。

对小宝宝来讲，走路虽然是一件费力气的事情，但只要妈妈坚持，比如告诉宝宝："你自己走，妈妈也自己走呢，没有力气抱你！""每个人每天都要走路，你今天还没走路呢，一定要自己走！"

妈妈不要担心宝宝不抱就不走，因为宝宝向往外面的世界，喜欢玩儿，如果你带他出去玩儿，他就会自己走了。

如果宝宝较长时间没有见到妈妈，可能是因为思念而想跟妈妈亲热、撒娇，满足宝宝的情感需要，宝宝会更听妈妈的话。有的时候，宝宝看到害怕的东西、走累了，也会向妈妈求助，让妈妈抱抱。遇到这些情况，妈妈要适当满足宝宝抱的需求。

☆ 打消宝宝"抱"的念头

不管宝宝出于什么理由想让妈妈抱着，我们都不能由着宝宝的心愿来，而是要根据情况来对待。如果宝宝不是缺乏安全感，也没有遇到特别的情况，只是耍赖、撒娇等想让妈妈抱，那么，我们可以通过以下方式来鼓励宝宝多走路。

1.换种方式和宝宝亲密接触

宝宝渴望与妈妈的身体接触以满足情感需要，但是，妈妈抱着3岁的宝宝会很累，加上会弱化孩子的行动能力，我们可以采用其他的方法满足宝宝对爱的渴望。比如，亲吻、摸摸宝宝的头、拉拉宝宝的手等。

研究证实，宝宝经常得到温柔的爱抚，身高、体重往往增长较快，同时也比较强壮和健康。而缺乏拥抱和抚摸的婴儿，则容易患上皮肤饥渴症，不仅会产生一定的不安全感，变得自卑、怯懦，甚至会因嫉妒他人而出现不理智的报复行为。

2.果断地拒绝

如果宝宝从家里出来的时候很开心，走了没几步就耍赖，想让妈妈抱着，那么就果断地拒绝。在拒绝之前要对宝宝讲明理由，告诉他："宝宝已经长大了，能够自己走路了。妈妈抱不动了。"

3. 去一个地方前，和宝宝商量

如果是宝宝提出来要去一个地方，那么出发之前跟宝宝讲清楚，不能让妈妈抱着，如果宝宝答应，就出去；不答应，就不去了。一旦遇到宝宝半路上耍赖，不管他怎么哭闹，妈妈都不能妥协，否则，宝宝就以为许下的承诺是可以随意更改的，不利于宝宝诚信品质的养成。

4. 别成为宝宝"欺负"的对象

现在小孩都聪明，知道谁心软。如果是跟妈妈上街，妈妈不抱，他也能走；如果跟着祖辈上街，祖辈心软就抱了，于是宝宝就明白了谁更好"欺负"，就冲谁耍赖。所以，妈妈一定要告诉爷爷奶奶，不要在宝宝面前妥协。

5. 向宝宝"示弱"

宝宝有的时候很通人情，懂得怜悯弱者。当宝宝让我们抱着的时候，我们不妨向宝宝"示弱"。比如，告诉宝宝："妈妈工作了一天腰很痛，宝宝自己走吧！宝宝比妈妈走得快，宝宝前面走，妈妈后面追。"

6. 设置目标，走和抱交替进行

有的时候路途较远，又不方便推车，可以给宝宝设置一个目标，告诉宝宝先走一段路，到了某个位置，妈妈再抱一段路，这样走和抱交替进行，妈妈可以省一些力气，也锻炼了宝宝走路。

7. 边走边玩儿

3岁左右的宝宝非常喜欢游戏，如果用游戏的方式诱导宝宝，可以让他多走点儿路。比如，如果路上有树叶，我们可以和他比赛捡树叶；如果我们带着小玩具，妈妈可以快跑，把玩具放在前面的一个地方，让宝宝去捡。

限制一下：只能拿一个

第一次带阳阳去超市，他坐在购物车里，两只手竭力想把够到的东西揽入怀里，可惜，胳膊不够长、力气不够大，只能“啊啊啊”地喊了！

阳阳会走了以后，不再在购物车上待了，而是跌跌撞撞地看这看那，一下拿很多，怀里都满了，嘴里喊着：“爸爸的，妈妈的，爷爷的……”

妈妈放到货架上，阳阳拿回来。妈妈告诉他：“你只能拿一个，妈妈给你买下来！”阳阳眨眨眼，选了一个棒棒糖攥在手里，妈妈赶紧领着他去收银台结账了。

不以孩子为中心，孩子的自觉性就高了

父母不考虑自身承受力，无限制地满足孩子，要什么给什么。不结合当时实际情况把孩子的要求当“圣旨”，想怎么样就怎么样，这样的教育方式是不对的。

乔乔2岁了，家里玩具一大堆，出去玩儿时，看到别的小朋友买了新式的木质小摇车，车身是小马造型，漆成了红色，嵌在两个翘起的木棍上，很新颖。乔乔拉着奶奶的手想玩儿。小朋友不答应，用身体

挡着不让乔乔摸。奶奶拉着乔乔要走，乔乔不干。奶奶说："给爸爸打电话，让他下班后给你买一个回来！"乔乔乐了，拿过奶奶的手机就给爸爸打电话。乔乔说不清，奶奶请小朋友的家长讲一遍，爸爸才听明白了。

晚上，爸爸拎着一个一模一样的车回来了。

再举个例子。

晴晴2岁半，在家玩儿着玩儿着，就要去动物园。爸爸的车坏了，正在修理。晴晴说："可以打车去，我不嫌热！"妈妈说："快中午了，去了也玩儿不了多久，明天吧！"晴晴就是不同意，理由很简单，隔壁小朋友去动物园玩儿了，她也想去看斑马，今天就想看。说完，晴晴大哭起来，拽着妈妈的衣服，哭得一把鼻涕一把泪。没办法，妈妈只好打车带女儿去了动物园。

孩子好奇心强，看到新鲜玩意儿就想玩儿，不管是不是自己的，别人同意不同意，这符合这个年龄段孩子以自我为中心的心理特点。孩子的自我认识能力不高，独立性差，容易以别人的行为做参照，别的小朋友有的自己也想有，别的小朋友干什么自己也想干什么。

宝宝的意志品质差，缺少自觉性，不能对行动的目的有深刻的认识，不会去评价自己的行为，这种情况下，如果父母无条件地满足孩子的无理要求，等于告诉孩子"你可以这么做"，宝宝当然不会去控制自己的行为和欲望了。

★ 不向宝宝的欲望妥协

父母限制宝宝的欲望，保持在一个合适的水平，父母不为难，也有利于宝宝的成长。

1.转移地方，降低购买欲望

当宝宝想买玩具、吃的、喝的，父母不满足就大哭、耍赖的时候，父母更不能买。有的宝宝太难缠，不买就哭起来没完。

为了防止这种撕心裂肺的场面出现，当宝宝表现出了购买需要的时候，以最快速度分散宝宝的注意力，带他离开现场，或者以另外的一份期许吸引宝宝的注意力。

“快看，那里有个新鲜玩意儿！走，妈妈带你去看看!”“咱们先去食品区，买你最喜欢吃的大虾！”利用宝宝的好奇心和喜欢吃某种食物的心理，赶紧抱走宝宝。离开了现场，刺激小了，宝宝的购买欲望就没那么强了。

2. 神秘礼物：过后满足

如果宝宝喜欢某个玩具，被妈妈拒绝后，可以在特别的日子里再送给宝宝。妈妈告诉宝宝：“你喜欢什么，妈妈很重视，会尽力送给你，让你开心。妈妈当时不给你买，是有原因的，你要学会理解妈妈的决定啊！”

3. 出门前，做预算

出门前和宝宝一起列张单子，想买什么，带多少钱，很清楚地写出来。到了商场，宝宝看上了什么喜欢的东西，如果不在这次购物目标里，妈妈就有理由拒绝了：“妈妈只带了这么点儿钱，要买的东西哪件都不能丢下，这个，就先不买了吧！”这么跟宝宝商量，宝宝容易认识到钱不够的确没办法买，他往往会说：“下次再买吧！”

4. 家里有的，绝对不买

在外边碰到好玩儿的、好吃的，宝宝会产生购买欲望，一时记不起家里有。这时，妈妈可以提醒宝宝：“家里有一个一模一样的玩具，咱们回家玩儿吧！”不管孩子如何反应，父母都不要买，这样就立下了一个规矩：家里有的不能再花钱买，宝宝就会自觉地不重复购买了。

等饭菜上齐，一起吃

生活中，经常出现这样的情景，家里请客或者一大家子人聚会，饭菜准备得比较丰盛，烹饪时间会长一些，不能及时吃饭，宝宝喊“饿”。这时，大人会很关切地说：“让宝宝先吃！来，吃海鲜！吃块儿肉！别饿坏我的宝宝！”

就这样，在大人的心疼和保护下，宝宝享有了用餐优先权，也失去了一次难得的等待机会。

让宝宝等一等，有助于培养他的耐心

稍微晚了一会儿，就情绪激动，没有达成自己的愿望就打滚儿、耍赖；吃饭时动来动去，吃不饱，就去玩玩具；看电视时一会儿坐着，一会儿站着，一会儿喝点儿水，从椅子上跳到沙发上；不能坚持玩一个玩具，而是拿拿这个，碰碰那个……

这样的情况在你家宝宝身上发生过吗?

如果发生过，或者频率很高，往往表明宝宝缺少耐心。

看一个人自我控制能力强弱的一个最简单的方法，就是能否耐心等待。能等待，懂得眼下的事情很重要，不管多么不想做，多么难做，都会专心去做；能等待，不管多么期待未来，都能从容地面对眼前，不疾不徐，做着应做的事情。

在欧美科学界流行着这样一句话：一心想得诺贝尔奖的，得不到诺贝尔奖。意思是，满脑子都是诺贝尔奖，得不到就会着急，就妄想一蹴而就。诺贝尔奖获得者在某个领域做出了巨大贡献，付出了很多辛苦，获奖之前，他们眼里是发明、创造、学术、实验、研究，是日复一日地耕耘。他们在耐心地做这些事情的过程中，既提升了各项能力，又锻炼了耐力。

越是成大事业者，越有平心静气、从容沉着的心性和气度，能控制自身的欲望。这是在多年的学习、工作、生活中锻炼出来的，是经历和经验的积累与沉淀。孩子从小能等待，长大后自我控制力才强。

★让宝宝学会等待的方法

当一个想法出现的时候，迫切地实现是人之天性。

宝宝的世界很单纯，饿了，想吃；困了，想睡；见到喜欢的玩具想买。吃了、睡了、买了，宝宝就满意了，问题就这么简单。如果遇到没到饭点儿、家里有客人不能睡觉、这个玩具不该买的情况，怎么办？最好的做法是让宝宝等一等。这样，孩子就会明白，不能自己想怎么样就怎么样，要考虑到别人，结合实际情况，做一些放弃和等待。

虽然自制力的学习、提高贯穿于整个人生，但儿童学习自律和毅力的技巧越早越好。有关专家说："在生活中尝试学习自我控制能力拖得越晚，要扭转和克服的问题越多。"

1. 设置时间节点，延迟满足

宝宝想要一个玩具或者吃一顿大餐，可以为其设定一个节点或日期，降低欲望值，学会等待。父母一旦与孩子协商好，时间到了，就要兑现，不然，宝宝认为愿望会化为泡影，下回就不相信父母的话了。

2. 时间到了，就停止

生活中，宝宝去外边玩耍，情绪高涨时，就不愿意回来；看动画片上瘾了，就不想关电视……面对这些情况，妈妈在出去玩儿之前就跟宝宝商量好，到了几点，妈妈要回家做饭、洗衣服，宝宝要跟妈妈回来，不许哭闹；妈妈跟宝宝约定看动画片的时间，时间到了，就要关电视，不要耍赖。

3. 培养孩子的耐心、专注力

要想培养孩子的耐心，第一重要的是孩子专注力的培养。孩子做游戏时，妈妈要监督他把一个游戏做完再干别的；如果孩子吃饭的时候东张西望、边吃边玩儿，妈妈要提示他吃完饭再玩儿。

2岁宝宝，做事虎头蛇尾

有位妈妈说："我儿子摆积木，没一会儿就扔下不玩儿了，很难自始至终完成一个造型；吃着吃着饭，就开始玩儿，问他是否还吃，他回答还要吃……"

最初，妈妈觉得这是小孩子的天性——无法专注于一件事情，后来，又想到他爸爸做什么事情都是"三分钟热度"，宝宝没常性，会不会是遗传因素导致的呢？

2岁宝宝，处于行动的无序阶段

2岁宝宝比较缺少做事的秩序性和条理性，受思维水平限制，往往无法坚持把一件事情做完，而出现每件事情都做一点儿的状态。

如果父母有意识地培养宝宝的意志品质，他也能按照大人的吩咐去做一些事情，主动解决一些简单的问题，但这并不意味着宝宝能完美地做好一件事。如果父母不陪伴左右给予提醒，有头无尾的情况还是比较多见。

3岁前，宝宝的思维属于直观行动思维，一边做一边想，对于一些简单的思维问题，已经能够胜任。比如，我们把一块面包放到高桌上，宝宝看到了，想吃，但是够不着，这时，他就会把旁边的凳子搬过来，踩上去，想办法拿到面包。

但是，由于孩子缺少做事的经验，不能在事前确定明确的目的和计划，缺少自觉性。他的行动往往是随性而至、率性而为，不太记得父母的教导和忠告，行动混乱、无序、虎头蛇尾，年龄越小，无序性越明显。随着宝宝逐渐长大，认知水平提升，意志品质发展，做事就会变得更加有序。

★ 引导宝宝有始有终，不半途而废

不管宝宝是玩儿还是做事，引导他做之前认真思考，开始后努力坚持，才能形成良好的自我控制能力。

1. 事前，问一问

如果宝宝到了外边，看到别的小朋友有玩具，可能会抢，为了防止宝宝出现这样的不自觉行为，出门前，妈妈问宝宝，要不要带个玩具，带什么玩具。只要宝宝选择了，到了外边，如果他想玩别人的玩具，就要拿自己的玩具换。这个交换的过程，需要等对方同意，宝宝就控制了自己玩儿的欲望。

2. 玩儿过后要整理玩具

在家里，每个人都有自觉维持家庭整洁的义务，这是生活有序的表现，宝宝也不例外。无论宝宝用了家里的什么东西，用完后，都要放到原来的地方。玩玩具也一样，玩儿过后，把所有玩具都放到玩具篮里，即使一块小积木都要收拾好。

3. 陪你一起做完

2岁以后，宝宝可能会抢着做一些事务性工作，比如，扣扣子、脱衣服、穿鞋、擦桌子等。宝宝抢着做，做到一半就去干别的了，这时，妈妈可以把宝宝抱过来，和他一起把剩余的部分做完，并告诉宝宝："把衣服脱完了，才能进被窝啊！""擦桌子时，要把桌面和桌腿都擦干净啊！"

Chapter 06
前道德阶段：宝宝如何习得规则

根据瑞士著名儿童心理学家皮亚杰的观点，3岁前的宝宝处于道德发展的“前道德阶段，他们很少表现出对规则的关注，却在建筑自己的规则”。

对孩子来说，规则就是界限。给孩子建立规则，并不仅仅是要他乖、听话，更重要的是，让他在秩序中成长，学会判断是非善恶。明确界限，就是要守住自己的疆域，尊重他人的权限。

父母敏感而民主，宝宝更服从

有两个年龄相仿的孩子，5岁，阳阳成长在一个温馨和睦的家庭里，父母都很爱他；章章的家庭显得有些冷漠，爸爸常年出差，一年难得见几次面，妈妈好赌，瘾大，章章一日三餐都不能及时吃到，如果妈妈赌输了，还会把气往章章身上撒。章章不愿意在自己家待着，喜欢去阳阳家玩儿。

一天，两人在阳阳家玩儿，在阳台上，放着一个四方小盒子，那是爸爸刚刚做好的教具，正晾着呢！爸爸叮嘱他们不能动。爸爸出去后，章章伸手去拿。阳阳说："别摸！弄坏了爸爸就没得用了，会挨训的！"章章说："家里又没人，怕什么！"章章伸手去拿，阳阳去挡，脚下一滑，把盒子摔扁了！

亲子关系影响道德萌芽

近来，许多学者已经从社会学习或社会化的角度，重新看待"良心"的早期发展。研究表明，如果父母在孩子婴幼儿时期反应敏感，给予孩子很多温暖，能在互动时帮助孩子实现愿望，并且预期分享积极的情绪体验，孩子对父母形成安全型依恋，能促使孩子良心萌发。

在亲密和相互反应的关系中，婴幼儿更可能表现出约束性顺从，约束性顺从有哪些表现呢？

1. 更听话

宝宝内心充实而快乐，更信赖父母，他服从父母安排的动机很强，并会遵守父母提出的规则和要求。

2. 能觉察对方的情绪反应

宝宝的情绪识别能力很强，也很在意父母的看法，对父母评价自己行为对错时的情绪线索非常敏感。

3. 有了自我意识情绪

开始内化父母对其成功和失误的反应，并会由此体验到自豪、羞愧和内疚感，这些情感体验将会帮助他评价和调节自己的行为。

相反，那些冷漠、迟钝的父母很少与孩子有共同的爱好，他们可能会促使情境性顺从的出现，这种非对抗性的行为通常来自父母的控制而不是儿童真正的服从。

如果父母敏感而民主，儿童的服从就建立在愿意遵从父母的基础上。如果父母对儿童的行为强制和控制，儿童的顺从就属于情境性顺从。与情境性顺从的儿童相比，约束性顺从的儿童会把自己看作“善良的”“有道德的”个体，更愿意与其他权威的成人合作。

对于2～2.5岁的婴幼儿来说，如果母子建立了相互反应的关系，母亲能够平静、理智地解决与儿童的冲突，那么儿童到3岁的时候，就更有可能会抵制住诱惑，不去碰那些被禁止的玩具，在4.5～6岁的时候，自觉地不做伤害他人的事情。

★和宝宝搞好关系

父母要想和宝宝搞好关系，除了及时满足宝宝的需要，让宝宝感受到这个世界是可以信任的外，还要多给宝宝积极的影响。

1. 父母在婴幼儿反应敏感时期给予孩子更多温暖

宝宝还小的时候，什么都靠父母，不怠慢、及时满足这个小小人，会让他感到温暖。孩子就会信任父母，喜欢父母，热爱这个世界，良心就能萌发。如果宝宝不开心了，妈妈要快速找到原因，满足他的合理需求，让他建立充分的安全感。

2. 能在互动时帮助孩子实现愿望

妈妈和宝宝一起游戏，宝宝不会做的事情，妈妈做了，宝宝会非常开心。比如，一起玩投球游戏，宝宝投不进球篮，妈妈投了，手把手教宝宝怎么做，宝宝会很开心。

带宝宝出去玩躲猫猫，围着一棵大树，你躲我藏，玩儿得很开心。宝宝被绿油油的树叶吸引了，妈妈可以从地上捡起一片，给宝宝讲讲树叶的颜色、形状等知识，宝宝会感到很满足。

3. 和宝宝一起开心

宝宝喜欢和妈妈在一起，妈妈摸摸宝宝的背，抻抻宝宝的小腿，宝宝都会咯咯笑起来。随便拿个小物件在宝宝眼前晃动，扔掉，捡起来，都能吸引宝宝的注意力，逗笑宝宝。

宝宝想去外边，一起捡石子、摘野花、在沙土里筑长城，妈妈和宝宝都身心愉悦。

抓住行为规则形成的关键期

硕硕2岁半，星期天一家人出游，爸爸早早下去等了，妈妈负责打扮硕硕，硕硕穿着鹅黄色运动服、天蓝色运动鞋，够帅气！当妈妈拎起包要走的时候，硕硕挣脱妈妈的手，跑到卫生间，对着镜子照了起来。

妈妈跟进来，看他照镜子，忍不住问，硕硕：“臭美了！每天都要照镜子！”硕硕说：“军军每次出门前都照镜子，看看衣服整齐不，我也要这么做！”

哦，原来是跟小朋友学来的。妈妈说：“好好好，照吧，我在门口等你！”

2岁以后，是宝宝行为规则形成的关键期

成长遵循一定的秩序进行，出生以后，宝宝的视觉、动手能力、行动能力、思维能力逐步发展，在2岁左右，宝宝的自我意识发展到“客体自我”阶段，能够审视自己的外在形象和行为，通过观察、模仿习得生活和交往经验。

从2岁左右开始，宝宝的模仿能力空前发展，看到别人做什么，就会跟着学。宝宝学习社会技能和行为方式的速度空前发展，学规矩

快，不守规矩任意妄为也快。

2岁左右开始，宝宝便进入审美敏感期，审美的敏感期是螺旋式上升的，持续时间比较长，从2～5岁，都会有很强烈的表现。第一个阶段大约在2岁的时候出现，要求食物和用具必须完整，他不要掰开的馒头、切开的苹果，衣服有一些褶皱、被子没有放平等都会让他不开心、发脾气。

大概在3岁以后，宝宝的审美兴趣过渡到对服饰的要求上。如果宝宝发现鞋子脏了，会要妈妈弄干净。宝宝追求完美的行为是道德发展的基础。

3岁左右，宝宝进入社交敏感期。他喜欢和小朋友一起玩儿，会主动交换玩具，能轻松喊出小伙伴的名字，知道他们住在哪里，如果有几天见不到，就会想念；当然，也会出现为了争抢一个“宝贝”大打出手的情况。

★ 定规矩，要符合宝宝的心理特点和发展水平

行为规则不是规定出来的，是学到的。严格的规定和训练即使能让宝宝记住，如果缺少理解和行动，以及孩子需要的自由，也难以内化成指导行为的原则和观念。一点儿一点儿，耳濡目染，言传身教，规则就会渗透到宝宝的行动中去。

1. 定规矩要符合宝宝的心理特点和发展水平

规则是社会化要求的集中体现，针对幼儿的规则，需符合幼儿的心理特点和发展水平。

举个例子，2岁半的宝宝想自己吃饭，又吃不好，弄得哪里都是饭粒，妈妈收拾起来有些麻烦。这种情况下，妈妈给宝宝立规矩——必须喂饭。

这样的规矩不符合宝宝的心理发展特点，不利于宝宝学习吃饭、

掌握吃饭技能，难以形成积极、自主的性格特点。

再举个例子，妈妈觉得吃零食不利于身体健康，坚决不给宝宝买任何零食。带宝宝出去玩儿时，其他宝妈给小食品，妈妈觉得这些小食品是超市里买来的成品，成分不确定，不让宝宝吃。

这样的规矩也不符合宝宝的心理特点。宝宝好奇心强、容易饿，见到看上去好吃的食物会馋，控制不住！如果强行不给宝宝吃，压抑了宝宝的欲望，那么在脱离成人监控后，宝宝可能会大肆摄入零食等，伤害更大。

在午饭和晚饭中间安排合理时间为宝宝选择安全、富含营养的健康零食作为必要的饮食补充，就比一点儿都不能吃零食更符合宝宝的身心发展需要和自我控制水平。

2. 建立日常规矩

成长的过程是一个习得规矩的过程，拥有适应社会的人格、掌握社会认可的行为方式。

国际儿童教育界的通行规则如下：不伤害自己，不打扰他人，不破坏环境。对于3岁前的宝宝来讲，日常的小规则主要有以下几类。

应用的物品放回原处：最常见的就是玩具，每次玩儿过后，放回玩具筐。

禁止行为粗野、粗俗：这个年龄段的宝宝不懂得粗话、脏话不文明，听到有人说粗话，宝宝会学，妈妈要及时纠正。

别人的东西不能拿：这个宝宝很容易学会。如果宝宝玩别的小朋友的玩具忘了归还时，妈妈要带着宝宝及时归还。孩子好奇心强，去别人家可能会乱翻东西，家长首先要立即制止，并告诉他这是不礼貌的行为。

自己的东西自己管理：如果有顽皮的孩子抢宝宝的玩具，宝宝要及时抢回来。

懂得排序：玩具和所有公共用品，先拿到者先使用，后来者必须等待，不能加塞，或者直接抢过来。

不可以打扰别人：爸爸或者妈妈工作时，宝宝自己玩儿，不要去打扰。

不伤害他人：做错事要道歉；被伤害后，有权利要求他人道歉。

不要觉得规则限制了宝宝的行动

晚饭做好了，摆在了餐桌上，强强在玩积木，已经垒出了一栋很气派的大楼，接下来，想摆一个甬路。妈妈不忍心打扰强强，轻声问："强强，你是先吃饭，还是先玩儿一会儿？"强强轻松地说："先吃饭，我饿了，吃完再玩儿！"

强强每次坐小椅子的时候，妈妈都轻轻地搬过来，放到客厅里，强强很平稳、很规矩地坐上去。妈妈告诉强强，拉着小椅子到处跑或者坐着晃悠，楼下声响特别大，会让人感觉不舒服。于是，强强很小心地坐着，不弄出声响。

懂规矩的宝宝更自由

俗话说："没有规矩不成方圆。"孩子虽然还小，但会一天天长大，需要逐步社会化，适应社会规范，为了让孩子以后能更好地适应社会，父母要在孩子小时候给他立规矩。

有的妈妈会想，这么小的年纪，就限制宝宝的行为，会不会使其不能自由发展，变得畏首畏尾？当然不会！

社会由各种规则维持着秩序，不管这些规则是人为设定还是客观存在，都具有制约性，发挥着绝对或相对的约束力，保障了人们的正常生活。人的行为是一种在一定的范围内才可以得到许可的行为，之所以得到了许可，是因为没有妨碍别人，影响社会秩序。自由不等于为所欲为，被规则限制的自由才是真正的自由，为所欲为的自由是不存在的。

宝宝学规矩、懂规矩后，知道了什么能做什么不能做，心中有了与人交往的界限和规则，与人交往时会小心地把行为控制在界限和规则以内，不被训斥和厌烦，内心会更有安全感。

孩子的成长，是一个掌握社会认可的行为方式的过程，必须学习社会规则，而且学得越早，越能内化成孩子的行为规范。

3岁的孩子活动范围比以前进一步扩大，接触的人比以前多了很多，这就需要他懂得一些基本的社会规范，以便能更好地与别人相处。

★ 立规矩不容易，父母要坚持

为什么说给宝宝立规矩不容易呢？宝宝学习的特点是在玩儿中学，自由自在；规则带有限制性，宝宝被限制，能愿意吗？

1. 接受宝宝的抵触心理

立规矩必然会限制孩子的某些行为，这对独立意识正突飞猛进发展的3岁孩子来说是最不能忍受的。你让他别摆弄沙发靠垫，他偏偏啪啪拍打，扔到地上；你让他和小伙伴分享玩具，他就要大抢特抢……如果你不管、不说，情况还好点儿，越管越糟糕。

不管宝宝多么抵触，哭闹，发脾气，故意试探父母的底线，父母都不要退让，否则，他会“得寸进尺”。

2. 随时监督

3岁孩子到了“闯祸”的年龄，独立性增强，好奇心强，容易被所见所闻吸引，行动前不考虑可不可以这么做，常常触犯规则，破坏东西。这时需要父母及时地告诉孩子基本的社会规范，以便让孩子限制自己的行为，更好地适应社会。

3. 不要把规矩挂嘴边

妈妈一吃饭就说："多吃蔬菜，少吃肉，别剩饭！"孩子反倒容易挑食；妈妈一出门就说："慢点儿走，别摔倒！"宝宝可能不愿意走路；妈妈见到人就说："宝宝，跟爷爷打招呼！"宝宝可能不愿意说话……

这样不断地重复和提醒，可能给宝宝带来压力，还可能让宝宝把妈妈的话当成耳旁风。美国心理学家沙法丽·萨巴瑞博士就曾明确指出："一个规矩太多的家庭，迟早会崩溃。"

妈妈不要做宝宝学规则的监督者，而是要做一个引导者，恰如其分地在宝宝的行为中注入规则，宝宝才能把规则和自由融合，管理好自己的行为。

4. 家庭规则要有一致性

规则，是家庭结构和功能中的一个重要部分，是关系到全体家庭成员的重要内容。在一个家族里，规则的制定者或者发起者大都是长辈，但是，一定要注意，要结合宝宝的年龄特点、性格特征，才能使规则和自由在成人与儿童的精神交流、生活碰撞中实现平衡。

宝宝说：我每天塞一枚硬币

硕硕3岁了，父母上班，奶奶看着他。奶奶带他在小区里玩儿，看到很多小朋友在坐摇摇车。一枚一元硬币2分钟，有的宝宝连续塞了五六枚硬币还不下来。

硕硕说："我每天就塞一枚硬币，玩儿一次就行了，要不太浪费了。"

自我控制力水平决定了能否抵制诱惑

坐上摇摇车就不下来，一天不花十枚八枚硬币决不罢休，有相当一部分孩子是这样的。

对于3岁前的宝宝来讲，摇摇车是一个不小的诱惑，只玩一次的宝宝自我控制力强。

生活在这个世界上，不管多大年龄，都要面对诱惑。大人，面对的是名利、物欲、享受等，孩子面对的是玩耍、新奇、美食等。抵制诱惑的能力来自一个人的自我控制水平，影响着一个人的生活品质和命运走向。

☆强化法：增强宝宝抵制诱惑的能力

抵制诱惑的能力不是天生的，是靠父母的教育习得的。那么，如何教宝宝抵制诱惑呢？

1. 模仿演练一次

父母最怕宝宝吃到对身体有伤害的食物，或者被食物诱惑跟着坏人走。宝宝能否抵制诱惑呢？不妨进行一次情景模拟。请一个宝宝没有见过的陌生人，在妈妈没有注意的情况下，给宝宝食物，看宝宝是否食用。

如果宝宝没有食用，妈妈就要奖励宝宝相同的食物。奖励的时候，还要告诉宝宝："如果有陌生人给你食物，千万不要吃。想吃的话，就跟妈妈说，妈妈一定给你买。"这样，就强化了宝宝的好行为。

如果宝宝接受了陌生人的食物，妈妈就要请宝宝扔掉，并告诉宝宝："如果你以后再接受陌生人的食物，妈妈就惩罚你，一个月不能吃零食。"通过"惩罚"让宝宝增强自我保护意识和抑制诱惑的能力。

2. "富养"孩子

对于3岁前的宝宝来讲，这个"富养"，不仅是给宝宝充足的生活保障，还要让宝宝尽可能地吃到、喝到安全的食品，这样，宝宝的好奇心就没有那么强了。

另外，宝宝在外边玩儿，要有家长跟着，这样，即使有人诱惑宝宝，家长也能及时发现，拒绝诱惑，避免危险。

向孩子说声“谢谢”

一天，妈妈带成诚去公园玩儿，同行的还有其他几对母子，大家有说有笑，气氛很好。休息的时候，大家坐下来喝水、吃东西，每个人带的食品不一样，互相品尝，你给我、我给你，孩子们开心地吃着各种食物。

吃了一会儿，大家发现，每次成诚接到食物，都会说：“谢谢妈妈！”

成诚的妈妈说：“在成诚小的时候，他亲我、往我嘴里放吃的，我会说‘谢谢，宝贝’，成诚会说话了，也喜欢说‘谢谢’。我给他洗衣服累了，他就过来，给我拿个水果，说‘谢谢妈妈’。这样，慢慢就养成习惯了！”

懂得感恩他人

爱心是分辨是非的基础，懂得感恩的人善良，有爱心，不伤害他人，对待他人谦卑、友善、和气。感恩是人际交往的润滑剂，能够让人在未来的社会交往中更加游刃有余。

对于3岁前的宝宝来讲，他们享受着父母的养育之恩、周围人的关怀之恩，妈妈要在孩子心中种下感恩的种子，让他成长为一个懂得感恩的人。

不懂感恩的孩子心胸狭窄，包容性差，涉及私利会变得冷酷无情，对父母、对他人一样小气，不能给他人带来快乐，自己生活得也很无趣。

★ 让宝宝去回报他人

生活中，如果父母想让宝宝对他人心怀感恩，并懂得回报他人，需要一些特别的引导和教育。

1. 引导宝宝学会回报

培养孩子的感恩意识，必须让孩子明白，感恩的关键在于回报意识。告诉孩子回报就是对哺育、培养、教导、指引、帮助、支持乃至救护自己的人心存感激，并通过自己十倍、百倍的付出，用实际行动予以报答。

对于小宝宝，妈妈给他做事以后，可以对宝宝说“谢谢妈妈，亲亲妈妈”；别人给了宝宝好吃的，宝宝在接受之前，要先说“谢谢”；坐公交车时，有人让座，也要引导宝宝说“谢谢”。

除了用语言感恩，行动也很有效果。吃东西的时候，妈妈可以对宝宝说：“给妈妈尝尝！”养成习惯了，宝宝在没吃前会先给妈妈尝尝；妈妈累了，宝宝帮忙盖被子……都是感恩行动。

2. 孝敬长辈

父恩比山高，母恩比海深。妈妈给宝宝讲述生命的由来，能激发他对母亲的爱。让宝宝看到父母辛苦工作，告诉他父母累了的时候，要懂得体谅父母，不提过分的要求。另外，父母要身体力行，平时多孝敬老人，给宝宝树立良好的榜样。

3. 懂节俭，不挑剔、不浪费

小到一粒米，大到一件衣服，都是父母辛勤工作赚钱换来的，挑剔、浪费，都是不尊重父母、不懂感恩的表现。当孩子出现挑食、不吃家里的饭、喝饮料不喝水、频繁买玩具等行为时，父母就要对孩子进行正确引导，让他既要珍惜他人劳动成果，又要养成节俭的好习惯。

宝宝不守规则，怎么办

慧慧喜欢吃糖，妈妈规定她每天只能吃一颗。但慧慧感到不过瘾，她知道家里的糖放在哪里，于是趁妈妈不注意，就会偷偷拿一颗。妈妈警告了几次都不管用，只好不再给慧慧买糖了。

说服引导最管用

心理学家霍夫曼研究了有关儿童教养的文献，目的是了解父母的惩罚技术是否对孩子的道德发展有影响。那么，哪种教养方式更利于道德发展？他将三个主要的惩罚技术进行了比较。

1. 撤销关爱

在儿童做出不良行为后，停止对他的注意、关爱和支持，换句话说，就是让他产生关爱缺失的焦虑。

2. 权力压制

强制要求、人身约束、殴打以及取消特权等，这些运用长辈的权力控制儿童的做法可能会让儿童害怕、生气或怨恨。

3. 说服引导

面对某个行为，说出这一行为对他人产生的不良影响、需要改变的理由等。

结果显示，说服引导对促进道德成熟特别有效。接受说服引导训练的孩子，道德发展更加成熟；而经常使用权力压制的父母培养的孩子，其道德表现更有可能不成熟。

为什么说服引导的教育方式更有效呢？

在说服引导的过程中，宝宝情绪平稳，思路清晰，听了妈妈的分析，能顺着妈妈的引导重新评价自己的行为，产生正确的认识和自我体验。

举个例子，宝宝在马路上乱跑，兴致很高，撞到了行人身上。妈妈及时制止了宝宝的行为，告诉他这样很危险，刚才若不是叔叔快速停下，他就会被撞倒。以后不能在马路上乱跑，可以去公园玩儿，那里环境优美、安全舒适，更适合宝宝玩耍。一旦宝宝感到内疚，就会及时改正。

另外有研究显示，对两三岁的宝宝讲道理有一定效果，它能提升孩子的同情心和共情能力，以及服从父母要求的意愿。

愤怒、体罚、打骂孩子，没有顾忌孩子的尊严，高强度的权力压制模糊了他的认知，很容易导致孩子逆反、抗拒以及不懂得关心他人。

★ 耐心对宝宝说服引导

宝宝学规矩不等于做事就有了规矩，妈妈教了规矩不等于宝宝就能按照妈妈教的做，当宝宝不守规矩的时候，妈妈怎么办呢？

1. 强调某个行为产生的不良影响

宝宝不守规矩，不要惩罚，不管是吓唬还是打骂，都会带来不良影响，胆小的宝宝会害怕，胆大的宝宝会生气、怨恨。正确的做法是告诉宝宝他这么做会带来什么不良影响，对自己、对别人都不利。

2. 向儿童解释某行为不恰当并且应该改变的理由

任何不良行为、不守规矩的行为，都不利于个人成长和社会交往。一次违规不改变，就会有第二次、第三次，次数多了，养成习惯了，改正起来就不容易了，一个满身坏习惯的孩子今后很难有良好的发展前景。

3. 提供如何弥补过失的建议

如果伤害了他人，就要向他人道歉；如果弄坏了别人的玩具，就要用自己的玩具赔偿。

Chapter 07
礼貌、礼仪、安全、卫生意识启蒙期

积极、文明的行为让生活、交往更加顺畅，心情更加愉悦。礼貌、礼仪、安全、卫生意识是基本的人文素养，更是情商的基本内容，奠定了精神世界的根基，父母要对孩子进行教育和引导。

宝宝能否及时应答别人

一天，我看到一个宝宝，2岁多的样子，他拉着奶奶的手在小区里溜达着玩儿，这时走过来一个阿姨，停下来和奶奶说话，并礼貌性地和宝宝说了一句："小宝宝，在跟奶奶玩儿呢？"宝宝看了对方一眼，一句话都没有说。奶奶说："喊阿姨！"宝宝还是不说话。奶奶给孙子打圆场："这孩子不爱说话！"阿姨笑一笑，走了。

这是一个典型的不知道应答别人的孩子，这样的做法很没有礼貌。

小宝宝也要懂应答：那是基本的礼貌

生活中，几个月大的孩子就懂得用表情回应父母的呼唤，当孩子长大后，却对父母的呼唤充耳不闻，这是为什么呢？宝宝可能正在玩耍，不愿意说话；或者不喜欢跟某些人说话。不管哪种理由，不及时应答，都是不礼貌的表现，也在一定程度上反映出父母对宝宝教育不到位。

及时地应答别人，是一种良好的与人交往的态度，是有礼貌的表现。而礼貌、礼仪是道德品质发展的根基，不及时应答他人，显得不尊重别人，会给人带来不舒服的感觉。

★尽早教孩子学会应答

教孩子学会应答别人是一件很容易的事情，改变孩子不及时应答别人的做法也很容易，但是家长一定要重视，及时教育和引导。

1. 教孩子应答别人

从宝宝能够听懂妈妈的话时起，妈妈就要告诉宝宝："妈妈喊你，你要答应！"在外边有人跟宝宝说话，妈妈要提示宝宝："奶奶喊你，你答应啊！"我们还要告诉宝宝当父母以及家里的其他长辈喊他的时候，要放下手上的事情，迅速走过去，站到对方面前，声音洪亮地问："您找我有什么事？"如果距离较远，可以一边答应一边走过来。

宝宝表现比较好，说明已经养成了及时应答别人的好习惯。

如果宝宝有时应答有时不应答，那么，就跟宝宝玩个游戏。告诉宝宝，如果是熟悉的人喊你，你一定要应答。妈妈扮演熟悉的人，跟宝宝打招呼，让宝宝来应答。妈妈不停地换说法，让宝宝具体回答。这样，宝宝就懂得了如何应答别人。

2. 行动上不迁就孩子

我们喊孩子，如果孩子不答应，不要笑着走到孩子面前和他说话。为了"惩罚"宝宝，可以把想说的话放一放，保持沉默。过一会儿，孩子一定会凑上来问你："妈妈，刚才你喊我做什么？"你只需回答："不想跟你说了！"家长越不说，孩子越好奇，越想知道，下次他就不会不及时应答了。

3. 家长要及时应答孩子

当孩子做某些事情，在生活中找不到范本的时候，他有可能不知道怎么做。父母是孩子最直接的模仿对象，多次模仿之后，孩子就有了相应的行为习惯。当孩子喊家长的时候，家长要及时应答，不要不耐烦，更不要给孩子摆脸色。

4. 孩子发生“第一次”不应答，及时教育

当孩子第一次不应答家长的时候，家长要在第一时间教育他。家长可以这样对孩子说：“妈妈喊你，你不答应，是不对的！这样妈妈会生气！”“应答是尊重别人的表现，当大人喊你的时候，要及时应答！”慢慢地，孩子就会养成及时应答的好习惯。

不做小小“插话王”

有位妈妈说：“那天，我和同事聊家常，儿子在旁边玩无线电动小汽车，跑来奔去，很开心。同事是再婚，后妈当得很辛苦，聊到跟孩子相处的问题时，她说：‘现在的孩子调皮、不好管了！’儿子突然来一句：‘你们大人也不好管，总是不听小孩儿的话，还打我们屁股！’我听到这话，尴尬地看着同事，说不出话来。”

还有一次，妈妈的同事来送请柬，妈妈顺手就把红包给了对方。妈妈说：“一点儿小意思，您别嫌弃！”儿子听出了话里的意思，问妈妈：“您给了多少张大红票啊，是500元吗？”弄得妈妈不知该如何回答。

家有小宝，难免会遇到类似情况，是不是很无奈、很尴尬，甚至觉得宝宝很没有礼貌呢？

搞懂宝宝插话背后的心理

插话是两三岁宝宝的特有现象，与这个年龄段的发展特点有关。

1. 自我中心

7岁前宝宝以自我为中心，他们不会站到别人的角度去思考问题，做事情往往会忽略别人的感受。当宝宝觉得自己被忽略的时候，会想办法引起别人的注意，插话就是其中的一种方式。

2. 自我意识建立，要显示自己的存在

两三岁时，宝宝的“社会我”建立起来了，他们渴望在社会交往中展现自己的风采，像大人一样妙语连珠，发言的时候挥舞手臂，得到大人的共鸣。要实现这样的“梦想”，如果没有小伙伴在场，就会选择在大人群体中用插话的方式来显示自己的存在。

3. 受智力发展限制

宝宝的记忆力、语言组织能力还没有达到成人水平，在跟大人聊天或者被大人提问时，讲完后，又想起了什么，就会不管不顾地插话。

4. 没有被教导

有的父母没有告诉宝宝，在大人聊天的时候，宝宝不要插话，否则会影响大人交谈，是不礼貌的行为。

由此看来，宝宝插话是其成长过程中的一种现象，我们没必要谴责宝宝，正确引导、及时纠正，宝宝就能改掉插话的习惯。

★ 巧妙改掉宝宝的插话习惯

对于两三岁的宝宝来讲，如果他常常插话，我们就要想办法改掉宝宝的插话习惯。

1. 提示一下宝宝

当孩子随便插话和打断别人的时候，家长可以轻轻地告诉孩子：“宝宝，安静点儿，听阿姨说话！”此时，妈妈最好把宝宝抱在怀里，和宝宝一起倾听。妈妈切忌为了顾及自己的面子，显示做家长的威严厉声责备孩子：“别说了，烦死人了！一边待着去！”这样不但会伤害孩子的自尊心，而且会激发孩子的逆反心理，使得他更加“人来疯”。如果孩子插话不严重，没有耽误大人的交流，最好选择等客人走后再指出孩子的错误。

2. 平时给孩子表达的机会

孩子有表达的欲望，需要跟人倾诉和沟通，特别是正处于学说话阶段的宝宝，小嘴更是闲不下来。家长越是不让孩子说，孩子越想说。

如果你的孩子表现欲强，或者遇到了自己喜欢的人，特别想说话，这个时候不妨给孩子创造说话的机会。比如：“儿子，给叔叔讲讲你最近看了什么图画书！”这样，孩子的表现欲得到了满足，也能懂得哪些话是该说的，哪些话是不该说的。

3. 转移宝宝的注意力

如果妈妈和人约在外边见面聊天，又必须带上宝宝，可以选择一个宝宝能够自己玩儿的场所，比如小区或者公园的大沙池边。如果见面场所选择在家里，那么，就给宝宝准备好玩耍的项目。总之，只要能够转移宝宝的注意力，他就无心插话了。

4. 父母不要有插话的习惯

宝宝的行为习惯主要受家长以及家族环境的影响，如果父母平时不插话，特别是跟宝宝交流的时候不打断宝宝说话，那么，宝宝自然而然就习得了这样的一种沟通方式，即使偶尔会插话，父母纠正起来也容易。

从上桌吃饭起，学习餐桌礼仪

君君的妈妈带他去朋友家做客，看到君君在餐桌上的表现，妈妈感到很难为情。君君坐在餐桌前，一边吃一边玩儿，小屁股在椅子上蹭来蹭去，尝着不好吃的食物就吐出来，遇到喜欢吃的食物，不管多远都嚷嚷着要吃，有时还要下桌子自己转过去夹菜，吃到最后，还大喊："我要去卫生间！"

平时，君君在家也这样，妈妈没觉得有什么不妥，一出来做客，妈妈才知道什么叫失礼了。

讲礼貌的关键内容：餐桌礼仪

为什么要学习餐桌礼仪，下面这个男孩的经历可能会让家长有所启发。

前不久，一个男孩的父亲招待客户吃西餐，男孩曾经在电视中看到吃西餐的画面，对西餐期盼已久。这次一听有西餐吃，就软磨硬泡地要求父亲带他一起去。因为是老朋友聚餐，带儿子也无妨，父亲便答应了。坐在长长的餐桌旁，刀叉、碗碟、高脚杯、餐巾……就等着开餐了。这时，服务员端来一个圆形的器皿，里面盛着漂着柠檬片的清水，放到男孩桌前时，他端起来喝了几大口。这时，坐在他旁边的人都惊讶地睁大了眼睛，有些人的脸上还露出怪异的表情，男孩疑惑地看看父亲，父亲脸上一阵红一阵白，直瞪眼。男孩也不知做错了什么，就在那里乖乖地坐着，一会儿牛排上桌，只见客人们一个个把手伸进那个圆形器皿里，开始洗手……看到这一幕后，男孩明白了父亲为什么会出现那种表情，恨不得找个地洞钻进去，原来那是洗手的水，他竟然把它喝了……

吃西餐和吃中餐是一个道理。如果我们不早早教会宝宝餐桌礼仪，有一天发现孩子在餐桌上，伸长筷子夹最爱吃的菜或嘴巴里塞满了饭菜还大声讲话时，也会很难堪。

礼貌是一种语言，餐桌礼仪体现了孩子是否具有良好的修养。讲究餐桌礼仪，会让同桌上的人有一种愉悦的感受，让自己拥有良好的形象。

★从3岁左右开始，教孩子基本的餐桌礼仪

日常生活中，为了锻炼孩子自己吃饭的能力，并让孩子掌握基本的餐桌礼仪，家长应在平时进行有意识的教育和引导。

1. 人到齐了，上桌吃饭

不管宝宝有多小，都要养成不事先吃饭或者提前坐到餐桌前的习惯，而是要和家人一起吃饭。如果宝宝着急，就先做一些准备工作，把小手洗干净，穿上围嘴；如果宝宝已经会摆碗筷了，就让宝宝来摆碗筷。等一切都准备就绪后，让宝宝喊家里人一起吃饭。等家人坐好后，宝宝再坐上去。

坐在桌前，不能歪着、斜着或趴着，也不可大声喧哗，更不能吃着吃着放下餐具趴到桌子底下玩耍。

2. 讲究卫生

小宝宝吃饭还不利索，难免会把饭菜掉到衣服上、沾到手上，弄

得满嘴都是，所以，纸巾是一定要准备好的。从最初的妈妈擦，慢慢地发展到宝宝自己擦。如果宝宝感冒了，妈妈要告诉他在饭桌上想打喷嚏时，头应该转向后方，用纸巾捂着。妈妈还要告诉宝宝，在餐桌上，不要有摸挖鼻孔、挠痒、用手抠嘴等小动作。

3.夹菜要小心，有节制

宝宝吃饭容易无所顾忌，妈妈要提前告诉宝宝，在夹菜的时候，要尽量选择自己面前的菜，不要够太远，更不能碰到邻座以免影响别人吃饭，如果实在想吃距离较远的菜，可以请别人帮忙夹一些。夹菜的时候一次不宜夹得太多，把自己碗、碟里的吃完，再去取菜。不能用筷子去盘子里翻搅，那样很不礼貌。

当宝宝还不太会手握餐具的时候，可以先练习用手拿着吃，这个时候，是锻炼宝宝感受食物、用餐氛围的机会。小宝宝的手指可能不够灵活，家长不要嫌宝宝慢，要耐心地等宝宝吃完。

4.就餐的时候要专心

有的宝宝吃饭不专心，特别是那些挑食、厌食的宝宝，更是一边吃一边皱眉或者一边吃一边玩儿，对这样的宝宝要严厉些，告诉他们："专心吃饭，不然，就不要吃了！"有的宝宝吃饭磨磨蹭蹭，听大人说话，这种情况下，大人最好不要在餐桌上谈论话题以免影响宝宝专心吃饭。

让宝宝张嘴有礼：会用基本的礼貌用语

一天，我走在大街上，一个小女孩跑过来，站到我面前问我："阿姨，您能告诉我去上奥世纪怎么走吗？"面对眼前的女孩，我一愣，以为是走丢了的孩子呢！忙说："还远呢，你一个人吗，阿姨送你过去吧？"女孩摆摆手说："不用了，谢谢阿姨！我妈妈在那边呢！"一抬头，我看到一位年轻女性正冲这边微笑呢！原来，是妈妈让女儿来问路的。小女孩乖巧而有礼貌，实在招人喜欢！

3岁前，宝宝要学会一些礼貌用语

礼貌、礼仪体现的是一个人对他人的尊重，首先体现在语言表达上。

3岁前，宝宝要学会的基本礼貌用语有："您好""谢谢你""对不起""请"。这些礼貌用语，如果使用恰当，能够融洽人际关系。

"您好"一词说出口，立刻让对方感到温暖，拉近了陌生人之间的距离。与他人见面的时候、有求于他人的时候，"您好"是很好的开场词。平时，多让宝宝说"阿姨好""奶奶好""叔叔好"，会提升宝宝的关注度，让宝宝有个好人缘。

“谢谢”一词说出口，能让人感到被感恩的幸福。无论对方对自己的帮助有多么小，一句“谢谢您”，都会让对方感到欣慰。我们要告诉宝宝，道谢时要及时注意对方的反应，面带微笑地说“谢谢”更能显示出诚意。当别人向你表达感谢时，要说“没什么，别客气”“我很乐意帮忙”“应该的”。

“对不起”一词，大多用在打扰别人、伤害别人的时候，能够快速化解尴尬、纠纷等。道歉要及时，态度要诚恳，切忌道歉时先辩解，这样往往很难取得好的道歉效果。

“请”字很柔和，让他人内心舒畅，同时也方便了自己。在任何需要麻烦他人的时候，“请”都是必须挂在嘴边的礼貌用语，如请问、请早点儿来、请指教、请原谅、请留步、请用餐、请稍候等。

以上词语都是交往中使用频率较高的基本礼貌用词，除此之外还有很多礼貌用语，需要宝宝在以后的成长过程中慢慢学习。

★ 循序渐进地教宝宝学会礼貌用语

要掌握礼貌用语及其用法不是几天就能够做到的，需要一个学习和内化的过程。

1. 从说最基本的礼貌用语开始

说礼貌用语，体现了对他人最基本的尊重，是学习礼貌最基本的内容。相互见面问好，比如见到邻居或者爸爸妈妈的同事问好：“阿姨、叔叔好！”请别人帮忙说“请”和“谢谢”。如果宝宝做不到，那么家长就提示一下。比如遛弯儿的时候碰到了熟人，告诉宝宝：“这是张爷爷，问张爷爷好！”宝宝会说：“张爷爷好！”以后宝宝见到了张爷爷，自然就会问好了。

礼貌用语能否内化成一种持久的礼貌行为、懂礼貌的品质，还需要坚持。一种讲礼貌的行为只有一直坚持去做，才能成为一种良好的习惯。

2. 多对宝宝笑一笑

受表达能力的限制，宝宝有时候无法用语言清楚地表达自己的友好。为此，妈妈可以鼓励宝宝笑一笑，让宝宝知道可以通过微笑向他人传达友好。平时，妈妈也要多对宝宝笑一笑，妈妈的笑容能够让宝宝感受到友好，自然而然地，他也就学会了用微笑来传达友好。

3. 教宝宝做个热情的小主人

家里来客人时，不妨利用这个机会让宝宝学做小主人，学习热情待客。比如，客人进门时，主动向客人问好，给客人拿拖鞋；帮妈妈摆放水果；客人离开时，和客人说“再见”“欢迎下次再来”。带宝宝去做客时，事先也要教宝宝进门后主动和主人打招呼；不在客人家喧哗，更不要到处乱跑、乱翻；主人给拿食物的时候要说“谢谢”，离开时谢谢主人的招待，和主人说“再见，欢迎您去我家”。

4. 父母要讲礼貌礼仪

孩子和父母一起出去，如果父母和邻居、朋友、同事主动打招呼，很热情地握手、问好，孩子感受到父母与人和谐相处的美好感觉，也会学习父母与人相处的方式。聪明的妈妈期待孩子什么样，会先给孩子做榜样，如果孩子做不到，就会手把手地教孩子，这样，孩子心中有了模板，学习的时候有章可循，会比较容易。

鹦鹉学舌骂出了口

凯凯的奶奶说："我孙子最近迷上了'臭老头''滚蛋'等话，不分场合，张嘴就来！"

有一次，奶奶的老同事摸凯凯的小脸，他当即瞪起眼睛就说："混蛋，别摸我！"把对方弄个大红脸，奶奶也很尴尬，打也不是，骂也不是，连连给人家道歉，他却像没事儿人一样跑着玩儿去了。

妈妈要懂得：宝宝嘴里没脏话

当我们成人眼里的脏话从宝宝嘴里说出来的时候，如果我们给孩子定性为说脏话，那么就错怪宝宝了。3岁甚至是四五岁的宝宝，如果我们不告诉他那些话是骂人、对人不礼貌的脏话，孩子可能会把这些话同你好、晚安、出去玩儿一样看待。两三岁的孩子处于学习语言阶段，处理语言的正负信息的能力还不够强，对语言概念的识别能力较弱。当孩子鹦鹉学舌样习得了这些话的时候，其实他并不懂这些话的意思，即使成人有特别的反应，他只是觉得好玩儿。

宝宝习得脏话的时候，也习得了说脏话的时机。心情不好的时候、被别人打扰的时候、被同伴欺负的时候，就用脏话、粗话来防御和反击，在发泄了情绪的同时感受到了自身力量对他人带来的冲击和震慑。真过瘾啊！

有一次，我曾经看到一个两三岁的小女孩，对着手里的玩具熊饶有兴致地重复："浑蛋！浑蛋！"看那神情，大有一副在享受逃过了父母监督、过了一把淘气的瘾的刺激感。

说粗话、脏话可能是宝宝成长过程中一种为了满足模仿心理而需要犯的一个错误。

当孩子真正明白了什么是骂人的话、脏话、文明话，就没有了兴致。这个过程，需要父母的引导和提示。妈妈要告诉宝宝，骂人的宝宝不文明，没有人喜欢。当听到别人骂人时，告诉宝宝，这些话不文明，小孩子不可以说。当宝宝骂人时，问宝宝："骂人好不好？"宝宝一定回答："不好！"这时，妈妈继续说："那以后还骂不骂？"宝宝说："不骂！"这样，伴随着妈妈的引导，宝宝度过了语言诅咒敏感期，就不会骂人了。

★ 培养一个不说脏话的宝宝

宝宝的耳边总会有脏话出现，而处于诅咒敏感期的宝宝对脏话的捕捉能力很强，听了就记住了，逮住机会就说出来了。那么，父母怎么做才能培养出一个不说脏话的宝宝呢？

1.冷处理：暂时忽略宝宝嘴里的脏话

当宝宝脏话脱口而出的时候，妈妈不要一惊一乍，甚至打骂宝宝，否则等于强化了宝宝的骂人行为，正应了宝宝的心思。宝宝喜欢别人注意他的言行，别人越注意、越着急、越反对，他越觉得有趣，就会越来劲。

妈妈不关注并不等于不管，而是避免在别人面前与孩子起冲突，不当着别人的面骂孩子或教训孩子，以免伤害宝宝的自尊心。正确的做法是，寻找机会私下里和宝宝谈谈，清楚地告诉他你不喜欢他这么做，希望他以后不说这样的脏话。

2. 让宝宝耳边无脏话

要想宝宝语言美，需要有一个语言美、行为美的环境。这个环境既包括家庭环境，也包括学校环境、社会环境。3岁前的宝宝没有上学，他的环境相对简单一些，主要是家庭环境和经常接触的亲人、小伙伴。如果这个环境里没有人说粗话、脏话，宝宝就没地方去学了。

3. 适度惩罚，自我检讨

当宝宝已经懂得说脏话、粗话不好的时候，就可以订立规则了。比如，可以跟宝宝事先说好，一旦说脏话或粗话，妈妈就要惩罚宝宝；如果有一个月或更久的时间宝宝没有说过粗话、脏话，妈妈就会奖励宝宝。

孩子到了一定年龄，随着自我认知的提高，自我意识的觉醒，对是非对错有了一定的辨别能力，这时，他会知道骂人的话是不文明、不道德的，并慢慢改掉这个毛病。

4. 换个方式，重新表达一下

没有哪个宝宝会无缘无故说脏话，有时是因为愤怒才用脏话反抗的。我们可以告诉宝宝，生气的时候，可以选择默默离开来表示反抗，这样才能说出尊重对方的话。如果必须说什么，就要选择一种更文明的语言来表达自己的愤怒。

当宝宝说脏话的时候，为了让宝宝明白换一种说法也可以把自己的想法表达清楚，我们可以教教宝宝。比如，有小朋友拿了宝宝的玩具，宝宝说："你这个坏蛋，还给我！"我们可以这样教宝宝说："我正在玩儿呢，请你别在我没允许的情况下拿走我的玩具！"

牙齿清洁，是个大事

宝宝的牙齿逐渐萌出后，就该考虑刷牙的事情了。宝宝吃的比较甜，如果不注意牙齿清洁，容易患龋齿。很多妈妈决定让宝宝刷牙，但在牙膏、牙刷的选择等问题上，还存在一些疑问，为了宝宝的口腔健康，妈妈一定要掌握好口腔清洁、牙齿护理的细节问题。

宝宝刷牙的必要性

宝宝每天要喝牛奶、果汁等，这些食物比较甜，乳凝块会残留在口腔各部分黏膜和牙床上，导致乳牙被蛀蚀，影响口腔形状、语言能力。

牙科医生认为，宝宝在2岁前就应由家长帮助刷牙，但家长通常觉得孩子牙齿太少，刷牙有些多此一举，而且宝宝一旦拒绝和逃避刷牙，家长也不愿再极力勉强。一个不重视，一个不配合，孩子口腔卫生不良，龋齿自然容易高发。

口腔保健在婴儿出生后不久就开始，有利于宝宝的口腔卫生和牙齿安全。怎么清洁？新手妈妈的确需要学习。

★慢慢学会刷牙

宝宝牙齿萌出时，就可以刷牙了。和成人相比，小宝宝的行为能力不够强，自我控制能力差，刷牙时会出状况。比如，抗拒刷牙，吞咽牙膏，拿着牙刷玩耍，挤出过多的牙膏，等等。想要宝宝像大人一样，轻松做好牙齿清洁，需要一个过程。

1.给宝宝清洁牙齿，一步一步来

盐水、纱布刷牙阶段：当宝宝开始长第一颗牙也就是乳牙萌出时，是6个月左右。妈妈把消毒纱布缠在手指上，蘸着淡盐水轻擦宝宝牙齿的各面，可以洗去牙齿及牙床上的附着物，这种口腔护理方法一般要持续至宝宝2岁，直到宝宝的乳牙全部萌出。

开始用牙刷阶段：从2～2.5岁，也就是长出8～11颗牙后可以用一把尖形刷毛的硅质固齿牙刷。这个时期仍宜用淡盐水，尽量少用牙膏。宝宝长出11颗牙齿后，就可用真正的牙刷让宝宝来练习刷牙。等宝宝长了臼齿，就该使用婴儿牙刷了。

怎么使用牙刷呢?

全国牙病预防指导小组推荐这样一种竖刷法：将牙刷头平行于牙面，并与牙面成45°角，然后顺着牙的长轴刷；刷上牙时从上往下刷，顺着牙缝刷；刷下牙时从下往上刷，再仔细刷磨牙咬合面的沟隙处，以有效地预防蛀牙的发生；刷后牙咀嚼面时，前后来回刷；里里外外都要刷到，每次3分钟。刷完牙后，要漱口、洗牙刷、擦拭嘴唇上的牙膏沫。牙刷洗干净后要头朝上放在刷牙缸里。

只要宝宝能够刷牙，就让宝宝自己刷。时间久了，宝宝就会觉得枯燥、麻烦。妈妈该如何耐心引导？刷牙前，跟宝宝一起唱："洗刷刷、洗刷刷！""妈妈和宝宝比赛，看谁刷得干净！哦，宝宝刷得更白！"

2. 3岁以后开始刷牙

婴幼儿吞咽功能发育不完全，一般不主张3岁前的宝宝用牙膏刷牙，尤其是成人牙膏，用婴儿牙刷或指套牙刷蘸温开水刷牙即可。3岁以后，宝宝一般可以自理，吞咽功能发育也比较完善，能用牙膏了。

即使教会了宝宝刷牙，在学龄前最好仍由家长协助或监督完成。有关专家说："孩子太小，刷牙总是很难干净的，此时的重点并不在于培养孩子的独立性。"

3. 恰当选择牙刷和牙膏

市面上的牙膏琳琅满目，可供选择的很多，妈妈都想选择一款更适合宝宝的牙膏，有三个标准是一定要把握住的。第一，不要含有药物成分；第二，为了防止氟斑牙、氟骨症，尽量不含氟；第三，摩擦剂颗粒越细腻越好。

2岁以后，宝宝就要使用牙刷了，这个阶段的宝宝牙刷需要重新挑选，可选用刷头小、刷毛细、牙刷柄长短以及刷头长度适中的儿童保健牙刷。刷头大小以相当于宝宝的四颗门牙的宽度为宜，刷毛要经过磨圆，不刺激宝宝的齿龈。

由于宝宝吞咽功能发育不全，很可能无意中吞下牙膏，因此，预防儿童蛀牙，可以选择儿童专用牙膏。

4. 把握好牙膏使用量

不管所选用的牙膏是否含氟，每次只需要给宝宝挤一点点牙膏就够了，牙膏量以绿豆大小为宜。宝宝刷牙一般以一天两次为宜，刷牙时间可以是宝宝醒后、睡前、饭后。

卫生宝宝从哪里来

一天，我去菜市场买菜，看到有个男孩拿起一个小西红柿就往嘴里放。他的妈妈见了，忙说："宝宝，别吃，太脏！"可是他根本不听妈妈的话，可以看得出来，他完全没有卫生意识，吃得津津有味。

卫生意识始于卫生行为

日常生活中，如果父母讲卫生，孩子的卫生意识也较强。身教胜于言教。对于3岁前的宝宝来讲，父母的行为习惯更具有影响力。这个阶段宝宝的思维形式是直观行动思维，这种思维更多依赖于一定的具体情境，依赖于具体事物的感知和动作的概括。如果家长能够身体力行做一个讲卫生的人，每天刷牙、洗脸、洗脚；经常换衣服和洗澡；保持厨房干净整洁，定期大扫除等，宝宝耳濡目染，也能早早跟着做，引导起来会很容易。

妈妈在洗衣服的时候，宝宝也要洗，不妨让宝宝加入，并给他分配一些任务，比如，洗小手帕、洗袜子等，一边洗一边告诉宝宝："小衣服，洗干净，穿着舒服不生病。"这样，更有利于宝宝认识洗衣服的好处，更愿意讲卫生。

当宝宝有了讲卫生的行为时，要及时给予肯定："宝宝穿上干净衣服，真舒服！""宝宝真乖，等着妈妈擦奶渍！""宝宝便便时，懂得去蹲自己的小马桶了，真是讲卫生的好孩子!""宝宝主动洗手，奖励你吃个美味的桃子！"……通过这些鼓励措施，都能强化宝宝讲卫生的行为。

★巧妙引导宝宝养成讲卫生的习惯

3岁前，宝宝的抽象逻辑思维还处于萌芽阶段，如果我们跟他讲一个行为习惯的好处，他不一定能够听懂；如果命令他按照父母的行为方式去做，他可能会感到委屈。所以，在培养宝宝良好的卫生习惯方面，要采用一些恰当而有效的方法。

1. 不把成长行为误认为"不卫生"

在宝宝成长的过程中，会有许多看似"不卫生"的行为。比如，从床上或者地下捡东西放进嘴里"尝一尝"，钻到桌子底下，在草地上打滚儿，等等。一旦做这些事情，宝宝的衣服就会弄脏，这个时候怎么办呢?

我见过一个妈妈，节假日，她带着宝宝来奶奶家聚餐，奶奶家的小区里有一个很大的运动场，铺着人工草坪，上面有许多圆拱形的门，也被绿色植物覆盖着，看起来很舒服。宝宝踏上草坪不一会儿，就开始往圆拱门里钻，嘴里嘟嘟囔囔地说着给自己加油的话，样子特别可爱。只不过委屈了雪白的T恤，那是宝宝衣服里比较昂贵的一件，妈妈看着都要心疼死了。她本来想制止宝宝，但又想到眼下是宝宝空间知觉发展的关键期，这样做不利于宝宝的智力发展，于是，她忍了下来。

妈妈要懂得包容宝宝那些为了成长而发生的"不卫生"行为，

为了不妨碍宝宝卫生习惯的建立，可以等回家后就给宝宝换上干净的衣服。

2. 身教最能提升卫生意识

我们常说，言传不如身教。对于3岁前的宝宝来讲，父母的行为对孩子影响更大。这个阶段宝宝的思维形式是直观行动思维，这种思维更多依赖于一定的具体情境，依赖于对具体事物的感知和动作的概括。如果父母能够身体力行做一个讲卫生的人，再引导着宝宝去做，宝宝学习起来会更容易。

父母需要养成的日常卫生习惯主要包括以下内容：

每天刷牙、洗脸、洗脚；经常换衣服和洗澡；随时增减衣服；勤换内衣内裤，洗过的衣服要在阳光下晾晒。

保持厨房干净整洁，进入厨房先洗手，然后开始做饭；厨房里的餐具摆放得干净整洁、井井有条；每个家庭成员用餐前都要洗手；吃完饭要漱口，把餐具清洗干净放整齐，勤消毒。

不管是在家里还是在公共场合，都不随地吐痰，如果实在不方便，可以先吐在纸巾上，再找机会丢进垃圾箱；打喷嚏时要用手绢或纸巾挡住；注意用眼卫生，不要躺着看书，或者在灯光昏暗的地方写字。

养成喝开水的习惯，少喝矿泉水；吃水果的时候要清洗干净，果皮等残留物要放进垃圾筐里。

家里定期大扫除，保持家具和地面的整洁。如果宝宝要参与，父母就给他分配一个小任务。平时注意保洁，无论什么季节都要开窗换气，做好室内通风和室内保湿。

保持卫生间的干净、整洁，排便过后，盖上马桶盖冲马桶。做完这一切，要洗手。洗完的衣服不要放在卫生间里，以防止感染霉菌。

3. 多夸宝宝干净、整洁

如果妈妈有心，很容易就能感知到宝宝其实很在意父母的评价，而且愿意成为一个“好孩子”。所以，日常生活中，我们给宝宝擦拭奶渍、洗脸洗手、换衣服的时候，不妨表扬一下宝宝；“宝宝穿上干净衣服，真舒服！”“宝宝真乖，等着妈妈擦奶渍！”“这小衣服穿得整洁又利落！”“宝宝便便时，懂得用自己的小马桶了，真是讲卫生的好孩子!”

宝宝在家，就安全了吗

阳阳不到2岁，是个活泼好动的小男孩。

一天，家人在厨房做饭，阳阳在客厅看电视，看着看着就去洗衣机旁边玩儿了！不知怎么搞的，阳阳就掉进了洗衣机，等家人发现抱出来的时候，阳阳的意识有些模糊，幸亏抢救及时，才没有造成生命危险。

安全的环境，宝宝不受伤害

宝宝要顺利成长，除了衣食住行的需要之外，安全需要也是十分重要的内容。如果宝宝屡次在家里受到伤害，内心就会留下伤痕，会觉得这个地方不安全，不能踏实玩耍、休息，精神压抑，不愉快，性格可能会扭曲，身体也会出现疾病。

在装修家庭、装饰家庭的过程中，最先想到的就是安全、环保。每个家庭都是这么做的。相对于不可控制的外在环境，家庭环境更易于操控，安全系数更高。儿童是一个家庭特别关照、爱护的对象，更不容易有危险。事实真的是这样吗?

全球儿童安全组织的《儿童家居用品安全——儿童伤害状况和家

长认知报告》显示：

61.2%的儿童伤害发生在家中。

在家中，儿童经常发生的伤害主要有：跌倒/坠落25%、烧伤/电伤16.7%、锐器伤9.1%等。

超过70%的家长不会定期对家居用品及其摆放进行安全检查，其中7%的家长从不检查。

近80%的家长不清楚如何对家居用品进行安全检查。

这些触目惊心的数字很有力地击败了家长在家庭安全性方面的盲目自信，家长要检查自己的家庭，消除家庭设施上可能存在的安全隐患，是保证宝宝顺利成长的必要条件。

★给宝宝一个安全的家

我们是那么爱护小宝宝，从宝宝成长的角度来讲，仅次于生理需要的就是安全需要，为宝宝营造一个安全成长的环境，是父母不可忽视的事情。

1.防止宝宝触电

现在的家庭，墙上的插座、电器旁边的插板、插板上永久插着而暂时不用的充电设备、厨房里的电饭锅等，有许多与电有关的设备。不管哪一个，只要有孔、裸露，宝宝的手就有可能触碰，并引发触电危险。

为了防止宝宝触电，可以给电插孔安上保护盖，所有的插板都放到宝宝接触不到的地方。厨房里的电器，更不要裸露着插头，以防宝宝学父母去插电做饭。

家用电器的开关、插线板等，一定要选购质量好、有安全防护的一类，防止宝宝不小心触电。

洗衣机、榨汁机等电器，也要放到宝宝够不到的地方，照顾者也要时刻留意宝宝的行为，防止发生意外。

2. 放好尖利物品

我们给宝宝剪过指甲或者用剪子剪开小食品的袋子后，宝宝的记忆里就有了剪子、指甲刀这两样有趣的东西，好奇心就被勾起来了，他也想像妈妈那样剪指甲、剪袋子。有的妈妈觉得藏起来宝宝就找不到了，事实并非如此，总有一天你可能会惊讶地发现，宝宝在拿着剪子玩儿。

藏起来不如给这些尖利物品寻找一个安全的家，这个家是宝宝无论如何也够不到的地方，比如，家里最高的橱柜，大人每次用完了就放到那里。

至于宝宝想玩儿的欲望，也很容易解决，可以给宝宝买一些安全剪刀类的玩具，告诉宝宝："那些是大人用的，这些是宝宝用的！"如此被重视，宝宝当然会很开心地玩儿，也不会总缠着父母玩那些危险的尖利物品了。

除了要看住宝宝外，还要告诉宝宝，拿着餐具的时候不要到处走，否则，容易出现危险，比如筷子、叉子等餐具容易扎伤身体等。

3. 选择棱角圆钝、结实稳固的家具

宝宝开始爬或者走路后，掌握不好身体平衡，容易东磕西碰。这个时候，有尖角或劣质的家具就可能对宝宝的安全造成威胁。

如果家里有带尖角的家具，最好给这些尖角安装防撞角。

稳固性不强的家具，比如，衣架、小书架等，也要妥善处理，消除其安全隐患，保证宝宝的居家安全。

4. 收起扣子、豆子等小物品

宝宝从五六个月开始，喜欢抓捏小东西，而且会在我们不注意的情况下就放进嘴里，不管是小扣子还是豆子、果核等，都有卡住窒息的危险。正确的做法是收拾好有危险的小物品，在此基础上给孩子准备一些小块零食满足其手部活动的需要。

5. 小心被烫伤

烫伤在婴儿意外伤害中占很大比例。妈妈忙着做饭的时候，宝宝可能会走过去，碰到刚烧开的水、暖水瓶、加热中的饭锅等，就可能被烫到。平时，要对宝宝进行安全教育，减少其进入厨房等场所的机会，更重要的是，家长要把暖水瓶等物品放到宝宝够不到的地方。

6. 收起危险物品，以免宝宝误食

蟑螂药、洗涤剂、消毒液、药品等要放在宝宝够不到的地方，以免宝宝误食或者进入其眼睛、沾染在皮肤上伤害身体。

说过了要注意，为什么记不住

一场大雪过后，外面的空气非常新鲜，已经在房间里憋了一天的宁宁想到外面玩儿。出门前，妈妈说："外面刚刚下过雪，地面湿滑，你要当心啊！"

宁宁很开心地点点头。母子俩到了楼下，加入各自的人群，妈妈聊天，宁宁玩雪。小朋友们手里拿着小铲子，这里堆一堆，那里堆一堆，跑来跑去，你招呼我答应，玩儿得可热闹了。

"那里雪多，那里雪多，去那里去那里！"一个孩子指着一片没人踩过的雪地大叫，宁宁听了，立马跟着跑过去。妈妈的"慢点儿"还没说出口，宁宁就摔了个仰面朝天，大哭起来。妈妈赶紧过去扶起宁宁，带他回家了。

妈妈不明白，出门前已经叮嘱宁宁要慢点儿走路，当心路滑，可他为什么就记不住呢？

对于3岁前的宝宝来讲，记住安全规则很难

生活中，家长很疑惑，他们三番五次地跟宝宝强调安全注意事项，宝宝为什么就记不住呢？

宝宝记不住很正常！特别是3岁前的宝宝，记住的都是具体、形象、生动的事物，大红苹果要削皮吃、开门很好玩儿、小狗的毛很柔软。这些做过多次、亲自获得的经验，宝宝很清楚。

由于宝宝思维能力的发展需要一个过程，对于3岁前的宝宝来讲，安全规则过于抽象，很难让他们在心中形成安全意识。

★ 想办法，让孩子记住规则

很多规则是在成长过程中悟到和习得的，父母要将安全规则与具体的生活实践相结合，以宝宝能接受的方式慢慢让宝宝了解。

1. 宝宝高兴时，就讲安全规则

比如，你刚刚满足了宝宝的一个要求，给他买了一辆滑板车，可以趁此机会给他讲讲滑滑板车的安全注意事项，并告诉孩子一旦违反相关安全注意事项，就要剥夺他玩滑板车的权利。

给宝宝说安全规则时，一定要讲得详细一些，让宝宝明白。讲完了，让他重复一遍，效果更好。

宝宝喜欢看动画片，父母可以选择一些包含安全教育内容的动画片，让他在愉快的心境下学到一些基本的安全常识。

2. 事前提醒与事后总结相结合

有些危险情况，发生率特别高，比如，手被门夹了、热水洒了烫到了身体、走路乱跑摔倒了、打碎了杯子或者盘子等。

当宝宝不听妈妈的劝告，来回开关门时夹到手后，妈妈要抱起宝宝，好好安慰一番，等宝宝情绪平复了，给宝宝演示一遍他为什么夹手了，然后告诉他正确的开门、关门方法。

发生“事故”之后马上讲道理，亲自把刚才的动作重演一遍，让宝宝看清楚是怎么回事，往往能让宝宝长记性。

掌握最基本的安全规则：交通安全

等红灯的时候，一位妈妈手里领着一个小孩，两三岁的样子，他扭来扭去，待不住。妈妈说："5、4、3、2、1……你看，变成绿灯了，我们可以走啦！""这是十字路口，我们要走人行横道，知道吗……"

3岁前，宝宝必知的交通安全知识

世界卫生组织统计，每年有超过18万儿童因为道路安全事故死亡，还有数以十万计的儿童因为道路安全事故受伤留下残疾，道路安全事故已成为青少年意外伤害的首位因素。

走路和吃饭、穿衣一样，是儿童的日常行为。从孩子懂事起，就给他灌输交通安全知识，在人行道上行走的时候，要拉住妈妈的手，不要趁着看护者不注意，就到处跑，否则可能会发生危险。

尽早培养宝宝的安全意识

只要宝宝出行，就会遇到红绿灯，父母可以利用它来对宝宝进行交通安全教育，增强宝宝的安全意识。

1. 带宝宝遵守安全规则

教孩子念1000遍“红灯停，绿灯行，黄灯亮了等一等”不如过马路等红灯10遍。有位父亲过马路的时候总是爱闯红灯，受他影响，孩子也常常喜欢在车辆中穿行而过，不肯等绿灯亮了再走。一天，男孩在闯红灯的时候，不幸被车撞伤了。

可见，父母在生活中要给孩子树立遵守交通规则的好榜样，让孩子养成遵守交通规则的好习惯。

具体来说，过马路时一定要做到，有车辆通过的时候等红灯，即使没有车辆，也要遵守交通规则，等绿灯亮了再从人行横道上通过。

2. 带宝宝到安全的场地活动

宝宝学步阶段，平衡力差，妈妈要全心照顾宝宝学走路，可以带宝宝去小花园或者车少的地方练习走路和玩耍，降低发生危险的概率。

3. 防备自家车

私家车已经普及，孩子被自家车撞到的事情时有发生。一家几个看护人，互相觉得有人看孩子，结果司机不留意，就可能撞到孩子。出门前，一定要有人抱着孩子或者拉着孩子的手，以防孩子发生危险。

小宝宝乘车，妈妈的怀抱是最安全的吗

生活中，有的人认为坐车时抱着孩子很安全："我一直抱着孩子坐车，到现在什么事情也没发生过，孩子不能离开大人的怀抱，要不我不踏实。"难道乘车时抱着宝宝是最安全的吗？

妈妈的怀抱比不过安全座椅

有的家长习惯抱着宝宝乘车，以为这样可以更好地保护宝宝。其实，当车辆紧急刹车或发生碰撞时，家长的怀抱反而容易对宝宝造成挤压，严重时可致宝宝内脏出血。

专用的儿童安全座椅可以有效预防行车途中惯性对宝宝带来的伤害。当遇到紧急刹车或撞击时，宝宝的颈部极易因受到过大惯性冲力而造成伤害。尤其是较小的婴幼儿，骨骼十分脆弱，其颈部更易受到致命伤害。

另外，安全气囊对于成人来说是安全的保障，但对宝宝来说，却十分危险。宝宝身材较小，肌肉骨骼较成年人脆弱得多，当汽车发生强烈撞击气囊弹出时，冲击力足以对宝宝造成重大伤害，因此，不能让宝宝坐在副驾驶位置。

★ 坐在安全座椅上，还要预防其他安全问题

即使安装了安全座椅，也不等于宝宝就安全了，还要杜绝一些容易对宝宝造成伤害的行为。

1. 宝宝乘车不宜吃零食

小宝宝乘车久了会哭闹，为了让旅途顺利，很多妈妈会带上一些小零食。这样做也存在安全隐患，如零食误入气道而引发窒息。

一旦零食误入气道，应让宝宝向前弯腰，家长蹲在宝宝身后，用膝盖顶住宝宝的后腰，然后从身后环抱住宝宝，把双手放在其胸腹部，使劲儿向内压。宝宝胸腹腔内压力升高，误入气道的食物就能喷出来。如果仍不见效，应立即去医院就诊。

2. 乘车时，不要让宝宝身体探出窗外

宝宝好奇心强，喜欢到处看，如果开着车窗，可能会不自觉地将身体探出窗外。即使父母告诉他不能这样做，由于其自控力较差，也会偶尔为之，这样可能会被路边的树木、围栏等刮到，甚至被旁边行驶的其他车辆撞伤。

3. 夏季，不要把宝宝单独留在密闭的车中

炎炎夏季，密闭车中的温度会迅速上升，把宝宝长时间留在车中，可能会使宝宝因缺氧而窒息，或因闷热、缺水而发生昏迷。

停车状态发动机空转会释放更多的有害物质，威胁车中宝宝的安全。长时间开启空调会导致车内外空气不能对流，尤其是在汽车停止后，继续运转空调可使发动机排出的一氧化碳聚集于车内，对于神经系统发育尚不健全的宝宝来说，极易造成一氧化碳中毒。

4. 正确选择安全座椅

不同年龄段儿童的安全座椅也不同，可以细分为婴儿专用座椅、

转换型儿童座椅、三合一座椅。那么，不同年龄段的宝宝该如何正确选择安全座椅呢?

2岁以下的宝宝，适合选用婴儿专用座椅和后向转换型座椅；2～6岁宝宝，可以选用配有安全带的转换型安全座椅或正向座椅；6～8岁的孩子，需要使用有安全带固定的增高座椅；另外，需要注意的是，不可以让身高不足140厘米的孩子使用标准安全带。

告诉宝宝：背心、内裤覆盖的地方不可摸

近年来，儿童性侵害的案件不断发生，给各位家长及教育工作者敲响了警钟：应尽早对孩子进行性安全教育，树立起防范意识。

对小宝宝进行性安全教育，提高防范意识

有关调查显示，学龄前是一个容易被侵犯的年龄，这个年龄段的孩子抵御伤害的能力小，防范意识差，容易被坏人盯上。要想保障孩子的安全，需要父母提升认识，并培养孩子的防范意识。

所谓儿童性侵害是指年长者利用儿童获得性欲的满足。儿童性侵害种类繁多，包括故意向孩子暴露身体、玩弄孩子的身体、性交等。这些儿童遭遇性侵犯后，身心伤害很大，影响了正常的心理发展，使得心理功能出现或多或少的负性偏差，对其今后的生活造成严重的影响。

教宝宝学会防范性侵犯

为了孩子的健康成长，父母应从小培养孩子的防范意识，增强其

防范性侵犯的能力。

1. 良好的亲子关系，是防止性侵犯的关键

美国儿科学会（AAP）的南希·柯罗格博士曾说："性侵犯者关注的最重要的一点，就是受害人能够保守秘密。"之所以出现同一个孩子反复被同一个侵犯者侵犯，就是因为受害者没有及时告诉父母。

如果亲子之间具有良好的沟通习惯，侵犯者因为惧怕事情暴露，就不敢肆意妄为了。所以，良好的亲子关系是防止性侵犯的关键。

2. 掌握基本的防范常识

对于孩子，我们可以跟他说："当有人扯你衣服、触碰你的私密处的时候，不管是陌生人、亲人或者老师，即使他们说不许你告诉父母，你也要敢于告诉父母。"另外，父母不在场的时候，如果别人给吃的东西，一定不要接受。

为了让孩子更好地掌握简单的防范措施，妈妈可以和孩子模仿一下当时的情景。比如，妈妈扮演陌生人，给孩子水喝，孩子应该怎样正确应对等。

3. 尽早建立身体隐私意识

在孩子的心中建立隐私意识，是提高孩子警惕性的一个有效方法。

有位妈妈是这样教女儿的。她拿出女儿的布娃娃，在身体的各个部位贴上了纸条。然后，妈妈给女儿讲哪里可以摸，哪里不可以摸。一切准备好后，妈妈对女儿说："摸摸可以摸的部位，用手指指不可以摸的部位。"演练几次后，女儿就记住了。

当然隐私意识不是这么教一次就能建立起来的，需要不断地以各种形式重复呈现。

平时，家人包括爸爸妈妈不随意谈论、触摸孩子的生殖器官，更不以逗弄孩子的形式玩乐；不让孩子在别人面前袒露生殖器官，不随地大小便；培养孩子自己大小便的习惯。这些谨慎的生活行为其实是在向孩子灌输一个理念，就是要尊重和保护自己的身体，不随意裸露。

4. 及时发现孩子的异常状况

爸爸妈妈要做个有心人，多多关注孩子的身心状况，第一时间捕捉到孩子可能被侵犯的信号，以减轻孩子的身心伤害。

具体的方法是这样的：如果孩子出现难以理解的哭泣、躲避、过度黏人、行走坐卧异常、身体不舒服的情况时，就要检查生殖器官（包括阴部、肛门、尿道）是否有受伤、疼痛、出血或感染等症状，两腿内侧是否有红肿、瘀伤等现象。

Chapter 08
以爱心为基点，发展亲社会行为

苏联著名教育家苏霍姆林斯基说：“对悲欢的敏感和同情只能在童年时代培养。在这个年龄，心灵对人的苦难和不幸、烦恼和孤单特别敏感。”爱是连接人与人的纽带，呵护小小同情心，较早发展助人、分享、谦让、敬重、友爱等亲社会行为，为情商发展打下基础。你会发现，宝宝越来越懂事，越来越有人缘。

爱心是亲社会行为的基础

家里来了小朋友，妈妈让果果带着妹妹在一边玩玩具，看见两个小朋友玩儿得很开心，家长就放心地坐到沙发上开始聊天了。可是不一会儿就听见孩子哭了起来，过去一看，原来是朋友的孩子不小心摔倒了，正坐在地上哭呢，果果却没有任何表示，仍然在一边玩自己的玩具。妈妈很生气，对果果说："妹妹摔倒了，你怎么都不扶她起来？"果果理直气壮地回答："又不是我推的，她是自己摔倒的，干吗要我扶？"

奶奶带着果果出去散步，回来的时候果果不愿意走，一定要奶奶抱。奶奶抱着她走了一段路后，累得气喘吁吁的，就对果果说："奶奶抱不动了，你自己下来走好不好？"果果紧紧地抱住奶奶的脖子说："不嘛不嘛，我不要自己走，就要奶奶抱嘛！"

对于果果的这些行为，妈妈有点儿搞不明白了，是什么造成了她的"冷漠"和"任性"呢？

个体社会化发展的重要指标：亲社会行为

亲社会行为是人们在社会交往中所表现出来的谦让、帮助、合作、分享等有利于他人和社会的行为。亲社会行为是儿童社会化过程中的重要行为，对儿童以后的人格、性格和身心健康等都有着重要的影响。促进儿童亲社会行为的发展，将有助于儿童更好地适应社会，为儿童的终身发展奠定基础。

现在的孩子大多是独生子女，很容易形成自私、不合作等行为，这不利于儿童建立良好的人际关系，所以我们要把培养儿童的亲社会行为放在非常重要的地位。

幼儿的社会行为主要分为两种：第一，亲社会行为。主要表现为：同情他人、关爱同伴、彼此分享、互相合作、谦让他人、相互帮助、抚慰和帮助弱势群体、奉献爱心等。亲社会行为就是要做对他人有益的、符合社会道德标准的、能够被大多数人所接受或是赞同的事情。在这里亲社会行为既包括不求任何回报自愿帮助他人的行为，也包括为了达到自己的目的帮助他人的行为。只要是对他人有帮助的事情都可以称为亲社会行为。第二，反社会行为。反社会行为与亲社会行为相对，指的是一些危害别人或者社会利益的和不道德的行为。其中包括违反了法律规章制度的犯罪行为和虽然不违反法律但是却不遵守社会公德的行为。

对于幼儿的反社会行为研究主要研究领域是幼儿攻击性行为的研究。攻击行为是指那些对他人的正常生活产生了不好的影响，例如引起他人恐慌和不安，对他人的人身和心理造成侵害的行为。

幼儿出现攻击性行为的原因比较多样：首先，父母的遗传会使儿童的性格天生带有冲动性；其次，父母和家庭的教育也会使儿童产生类似的行为；最后，社会环境的影响也会导致幼儿出现攻击别人的行为，例如父母之间经常发生冲突使儿童受到影响，学校经常出现斗殴事件等。

★ 如何发展亲社会行为

宝宝的同情心是与生俱来的，这份宝贵的情感能力是发展亲社会行为的基础。

1. 有个爱的成长氛围

如果父母之间能互敬互爱，和睦相处，父母与人交往热情、友爱，宝宝看到的是互相关心、互相帮助、团结合作的画面，学到的就是这样的行为。

看动画片、绘本的时候，选择反映人与人之间互相关心爱护、互相帮助的内容，能为宝宝学习和巩固亲社会行为提供直观、生动的示范。

同龄人表现出来的亲社会行为会让儿童感到比较熟悉，更容易去模仿。与亲切友爱的小朋友一起玩儿，指导宝宝热情、友爱地交往。

2. 培养共情能力

美国心理学家霍夫曼通过对“共情与亲社会行为”课题的研究指出，共情是儿童亲社会行为产生、发展的重要驱动力。

3岁前的宝宝已经具有了感知别人痛苦的能力，如果我们能够给予他们更多的刺激，并加以引导，有助于促使他们对别人的痛苦产生怜悯和帮助的意愿。心理学研究证实，优秀的文学艺术作品能激起儿童强烈的情感波涛，儿童在体验痛苦的过程中会本能地产生对身处痛苦的人的同情，并萌生帮助他人的强烈愿望。

3岁前的宝宝很喜欢听故事和阅读绘本。我们可以选择一些内容合适的故事，比如《爱心树》《夏洛的网》《彩虹色的花》《白雪公主和七个小矮人》《卖火柴的小女孩》《灰姑娘与水晶鞋》等，在讲故事的过程中，家长尽可能地放慢语速，根据故事情节让弱者的声音听起来更可怜，这样更能感染宝宝，进入对方的情感世界。

3. 鼓励宝宝的亲社会行为

我国心理学工作者曾对儿童游戏过程中亲社会行为发生的现状做过调查研究，结果表明，精神奖励在儿童谦让、分享、合作等行为中具有不可低估的作用，恰当地运用表扬和奖励，能有效地促进亲社会行为的发生，并在一定程度上抑制攻击性行为。

当宝宝跟小朋友分享好吃的、好玩儿的时，家长给予鼓励，能强化宝宝的行为。如何鼓励？及时地亲亲宝宝、描述一下具体的行为都能让宝宝心情愉悦。

当宝宝有了好吃的，想着要给生病的小伙伴送一些去，家长要肯定宝宝的行为："小伙伴生病了，身体不舒服，送一些好吃的给他，很好啊！宝宝很有爱心！"

如果宝宝的玩具比较多，可以让宝宝从中挑选一些和同学交换着玩儿，或者送给玩具少的小朋友。当宝宝能够自觉地对他人给予帮助的时候，就已经具有爱心了。

有个女孩，每次遇到募捐的事情，妈妈都带她一起去，并鼓励她为需要帮助的人奉献一份爱心。慢慢地，这个女孩养成了助人为乐的好品质，很受大家的欢迎。

共情能力：关注别人的感受

有个小女孩，每天蹦蹦跳跳，沙发、地板、床，都是她的“跳跳床”，即使弄乱了，妈妈也不训斥，因为妈妈觉得这样跳跳对身体好。可是有一天，妈妈告诉她，以后在家里不要跳了，妈妈带她去外面跳。小女孩不理解，问妈妈：“为什么呀？”妈妈说：“以前楼下没有住人，现在，楼下新搬来的爷爷奶奶年龄大了，需要安静。你要替他们着想。”小女孩一下子拽住妈妈的手说：“可是，楼上的人怎么不替我着想啊！有好几次，我刚刚睡着，楼上蹦跳的声音就把我吵醒了！”妈妈说：“楼上的阿姨会教育小弟弟的，但是小弟弟小，有时候记不住，慢慢就好了。你能够记住，是吗？”小女孩开心地点点头，从此不再蹦跳了。

这看似是一件小事，却让这个女孩学会了换位思考、替他人着想，教育有时就体现在生活的细节之中。

共情能力有助于发展亲社会行为

共情是指个人想象自己处于他人的境地，并理解他人的情感、欲望、思想及活动的能力，即设身处地为别人着想的能力。共情能力作为一种心理品质，对一个人形成良好的人际关系和道德品质、保持心理健康、发展亲社会行为（包括分享、帮助、安慰、支持）乃至走向成功都有着重要的作用。

培养宝宝的共情能力，可以从体会他人的痛苦、感受来入手。

没有人是一座孤岛，社会是一个共同体。克鲁泡特金在《互助论》中证明：只有互助性强的生物群才能生存，对人类而言，换位思考是互助的前提。礼让、心中想着别人是一项重要的美德，这么做，不仅给别人带来了快乐，也会让自己更快乐。

著名教育家叶圣陶先生从小就注重孩子的他人意识培养。他反复告诫儿女们："我是生活在人们中间的，在我以外，更有他人，要时时处处为他人着想。"

有一次，叶圣陶让儿子递给他一支笔，儿子正忙着自己的事情，随手就递了过去，没有注意到自己把笔头对着父亲递了过去。

见到这种情景，父亲就对儿子说："递一样东西给人家，首先要想着人家接到手里方便不方便。你把笔头递过去，人家还要把它倒转来，倘若没有笔帽，还要弄人家一手墨水。刀剪一类物品更是这样，绝不可以拿刀口刀尖对着人家。"

叶圣陶的意思是，别人让你做一件事情是为了节省时间，这样带来的麻烦还不如人家自己去取呢！本想省点儿事，这下倒好，费事了！

到了冬天，家里生火取暖。如果儿子走出屋子没把门带上，父亲就在背后说："怕把尾巴夹着吗？"次数一多，不必再用这么长的句子，父亲只喊："尾巴，尾巴!"孩子就明白了是怎么一回事，渐渐地就养成了随手关门的习惯。

在开关门的时候，叶圣陶还告诫儿女要想到屋里还有别人，不可以砰的一声把门推开或带上，要动作轻点儿，以免影响别人。

叶圣陶告诫人们："谁要立足在今后的世界上，谁就得深切记住，不要养成妨害他人的习惯。”

★ 带着宝宝换位思考

在孩子的共情能力还没有得到发展的时候，他就难以识别他人的情绪情感状态，难以获得与他人相近似的情感体验，也难以理解他人的情绪反应，当然就不会出现同情、助人的行为。

1. 疼痛时，向宝宝要安慰

宝宝疼痛的时候，大人常常会亲吻一下宝宝、抚摸一下宝宝，在疼痛的地方吹吹气。这样的安慰方式，宝宝很快就能学会。

妈妈不舒服了、累了，可以向宝宝要安慰，这样能让宝宝真切地理解到，一个人生病的时候、受伤的时候、累了的时候，会很脆弱，容易情绪低落，需要家人、朋友的关心和照顾。

2. 犯错后，让宝宝反省

在宝宝的成长过程中，他难免会犯错，出去玩儿时，抢小朋友的玩具；小朋友摸他的玩具，他用力拍打；妈妈告诉他，不能碰这个瓷器，他偏要碰，结果瓷器摔碎了；去商场前说好了不买玩具，但见到玩具，他却哭闹着要买……在宝宝出现这些行为时，要让他好好反省，逐渐学会换位思考，进而理解他人。

娇娇新买了小皮球，上面画着美丽的公主，小朋友们见了，伸手摸摸，可娇娇伸手就打。

妈妈问娇娇：“你看到小朋友的玩具好玩儿，是不是也想摸摸、看看？小朋友给你玩儿了，你会特别开心；如果不给你玩儿，你会很失望，觉得这个小朋友不友好，对不对？”娇娇点点头。妈妈说：“你喜欢跟友好的小朋友一起玩儿，是吗？”娇娇点点头。妈妈接着说：“大家一起玩儿更开心，你把小皮球给大家一起玩儿吧！”

娇娇觉得妈妈说得有道理，拿着皮球和大家一起玩儿去了。

让宝宝更有同情心

对于小宝宝来讲，要想培养他的爱心，激发他的同情心是一个很重要的方面。同情心是一种宝贵的情感，它是许多高尚道德情感的基础，是健全人格的体现。

每个宝宝都可以富有同情心

孔子曰："恻隐之心，仁之端也。"在现代社会，同情心仍是不可忽视的底线伦理。

同情心是一种宝贵的情感，它是许多高尚道德情感的基础，是健全人格的体现。同情心，是爱心的一种具体体现。一个富有同情心的人，当别人发生不幸、遇到困难的时候，会产生共鸣，关心、支持和帮助别人。我们要想孩子有爱心、不自私，就要重视孩子同情心的培养。

宝宝的同情心是否获得良好的发展决定着宝宝的将来是否具有健全的人格，是否能保持内心的积极和乐观。一个具有同情心的人胸怀宽广，在社会交往中，能设身处地去为别人着想；富有同情心的人心地善良，性情温和。而缺乏同情心的人往往性格怪异，易走极端，不易与人亲近，因而很难获得良好的人际关系。

事实证明，宝宝较早发展了同情心，就会较早拥有助人、分享、谦让等良好的品质，拥有较好的社会支持系统，能够实现精神层面的满足，始终保持着一种健康的心态和心境。这样的人，当生活中遇到困难、人生处于低谷的时候，因为有朋友的同情和帮助，往往能很快摆脱困境。因此，父母应较早地培养孩子的同情心，为孩子成为有爱心的人打下基础。

★ 创造机会，点燃同情心

著名教育家陈鹤琴说："同情行为不是生来就有的，要在后天慢慢发展，在教育好的家庭培养得快一点，在教育不好的家庭发展得慢一点。"

1. 3岁前，培养同情心正当时

同情心在儿童早期已经开始萌芽。3个月大的宝宝听到别的宝宝的哭声，他会感到不安，继而产生同情，出现共情反应，并因此哭闹起来。当宝宝9个月的时候，看到别的宝宝摔倒了，会因为同情而流泪，然后钻进妈妈的怀抱寻求安慰，好像摔倒的就是他自己。这个年龄段的宝宝自我意识还没有萌芽，无法区分自己与他人，总是把别人的痛苦视同自己的痛苦。

1岁以后，儿童的自我意识、社会认知能力获得了一定的发展，有了自我意识；2岁以后，自我意识又发生了一次飞跃，能对周围人的情绪做出直接反应，这个时候，已经可以开始引导宝宝同情他人了。这样，到了六七岁以后，孩子的自我中心逐渐消退，不仅能对他人的情绪情感具有更多的察觉和体验，而且会出现大量同情与助人的行为。

2. 在游戏中，发扬同情心

宝宝们在一起做游戏，常常会有输赢的情况出现，当有的宝宝因多次输了而感到失落时，赢了的宝宝能够谦让、安慰一下输了的宝宝，在这个过程中也培养了自己的同情心。

3. 去安慰不高兴的宝宝

当其他宝宝不高兴时，妈妈可以鼓励自己的宝宝去安慰一下，比如给对方一些好吃的、讲个故事、跳个舞，都能缓解对方的负面情绪，既发展了宝宝之间的友谊，又培养了宝宝的同情心。

敬重长辈

有一位妈妈说："我女儿虽然只有2岁，但是特别孝顺，平时，吃点儿什么，女儿都要先给在场的长辈吃一些，然后自己才吃。奶奶腿疼了，女儿就说：'奶奶腿疼，我今天不出去遛弯儿了，在家里玩儿。'爸爸每天上班前，女儿都会站到门前对爸爸说：'爸爸再见！爸爸开车小心！'我觉得孩子的孝心就要从小的时候培养，我也一直有意识地这样做，看来，我的心思没有白费。"

敬重长辈是以礼待人的基础

孝悌是中国文化的基础，古人云："百善孝为先。"古人认为，一个人能够孝顺，他就有一颗善良仁慈的心，有了这份仁心，就可以善待许许多多的人。于是，就有了"举孝廉"的推选人才的方法。古人重视孝顺的品质，现在的人也是如此。

成长是一个连续的过程，成年后的行为与幼时的教育紧密相关。亲子之情与生俱来，可以发展，却不可透支。从小保护孩子善的、积极的、正向的天性，给予引导，长大了，宝宝就懂得敬重长辈。

要想让宝宝养成孝顺长辈的好品质，就要从生活点滴做起。每天，妈妈去上班时，宝宝说："妈妈，再见！"早上起床说："妈妈早！"晚上睡觉前说："晚安！"妈妈为宝宝做事，宝宝说："谢谢妈妈！"吃饭的时候，大家都到齐了才吃。

孩子眼里有父母，看到父母的辛劳，懂得父母的爱，是敬重长辈的基础。如果父母再给予正确的引导，孩子就会成为一个孝顺长辈的人。

☆ 种一颗孝顺的种子，与宝宝一起成长

小宝宝是非常需要父母的爱的，他也很爱自己的父母。在此基础上，他会为父母做一些事情，如果妈妈注意强化，并让孩子认识到这是孝顺行为，慢慢地，孩子就会成长为孝顺的人。

1. 肯定宝宝的小小孝顺行为

小宝宝的理解力有限，他的生活内容相对来讲比较简单。在与父母相处的过程中，能做的事情也比较少。如果他能够做到：有好吃的东西要谦让，先让父母吃，自己再吃；当父母休息时，说话声和脚步声都尽量轻，不大声吵闹；发现父母长辈身体不舒服时能主动关心、主动问候……这些看似简单的事情，却体现了宝宝的孝心，我们要看得到，并及时给予肯定。

当我们对宝宝说："噢！宝宝懂得孝顺妈妈了，看到妈妈累了，知道给妈妈捶背，谢谢宝宝！妈妈爱你！"此时，宝宝的内心无比甜蜜，他会做出更多孝顺父母的行为。

2. 父母先要孝顺

如果父母能够和孩子一起去尽孝道，这个过程不但自己尽了孝心，同时也给孩子树立了孝顺的榜样。孝顺其实很简单，经常探望父母，给父母做可口的饭菜，天冷了叮嘱父母注意添加衣服，天热了给父母安装空调，自己工作取得了成绩跟父母说说，等等。这些简单的行为对父母来讲就是莫大的安慰，孩子看在眼里记在心里，将来也会

这么做。

3. 在物质消费方面，不能对孩子有求必应

孩子不孝顺的一个重要原因就是孩子小的时候父母太娇惯，父母对孩子有求必应，让孩子变得无比自私，以自我为中心，心里没有别人。生活中，当宝宝提出购买要求的时候，如果不合理，就告诉宝宝不买的理由："家里已经有一件了。""妈妈没有为你准备买这个东西的钱，所以，现在不可以买！"

父母要以实际行动让孩子明白，在家庭生活中，父母是家庭的供养人，而且有着丰富的生活经验，自然应该成为家庭的核心和主心骨。孩子要在父母的监督和指导下生活、学习。

4. 从小培养宝宝为家人做事的习惯

一个在家里油瓶倒了、垃圾箱满了都无动于衷的孩子，让他孝顺父母，为父母着想，恐怕是一件很难的事情。

教育专家说，父母在考虑给孩子分配家务时，很容易走入的第一个误区就是低估孩子的能力。父母不要觉得宝宝小，做不了什么事情。其实，像擦拭起居室里的木地板、饭前把筷子摆好、把玩完的玩具放到玩具筐里等小事，宝宝不仅能做，而且乐于做。

有一位年轻的妈妈在儿子2岁的时候就开始给他安排工作，比如，妈妈把垃圾筐里的旧垃圾袋收走后，就叮嘱他在筐里套上一个新的。这项"工作"做了几次后，孩子就能够很利落、自主地完成这样的任务了。渐渐地长大一点儿后，这个孩子会主动把各种垃圾送到垃圾筐里，因此，家里总能保持干净、整洁。最让妈妈欣慰的是，儿子常常由于在学校卫生出色、不随地乱扔纸屑而受到老师表扬，各方面表现都不错。

很多孩子不会做事，原因在于家长不给其安排任务，无法让孩子养成自己的事情自己做的习惯，孝顺长辈也就无从谈起了。

学会体贴父母

有位妈妈谈起自己2岁半的宝宝，觉得特别感动。这位妈妈有咽炎，经常咳嗽，每次儿子听到了，就会找他的奶瓶让妈妈喝水，还会给妈妈拍后背。妈妈问儿子："为什么要拍背呢？"儿子说："我喝奶呛了的时候，你不都是给我拍拍背吗？一拍我就舒服了。妈妈爱我，我也爱妈妈啊！"

2岁左右，宝宝有了孝母行为

亲子之间有着浓浓的血缘关系，相互疼爱是伟大的亲情的表现。但是对于孩子来讲，怎么爱父母，是需要父母引导的，如果不及时正确地引导，他对父母的爱可能只停留在最初的向父母索取的亲情连接上。爱是相互的给予，父母爱孩子，孩子也要慢慢地学会爱父母，从幼小时候的给妈妈拍拍背、不打扰劳累的妈妈，到长大了之后帮妈妈做家务、体贴辛苦工作的妈妈需要一个精心教育的过程。

宝宝到了2岁左右，会细细观察镜子中的自己。他能够意识到自己的独特特征，懂得每个人的长相是不一样的，更懂得自己和妈妈是两个人，妈妈爱自己，自己也要爱妈妈。如果他看到妈妈不高兴了，会嘟起小嘴去亲吻妈妈或者依偎在妈妈的怀里，这是宝宝同情心的最初表现。要想让宝宝关注妈妈的感受，愿意为妈妈的快乐付出，妈妈需要抓住机会去引导宝宝，这样，宝宝才不会成为只知道索取、不懂得付出的孩子。

☆ 支持宝宝以自己的方式爱妈妈

3岁前，宝宝各方面的能力还不完善，但宝宝会以自己的方式爱妈妈，妈妈要给予认可和鼓励。

1. 引导孩子分担家务劳动

家务劳动是保证家庭正常生活的必要劳动，家庭的每个成员都要承担一部分，孩子也不例外。有的家长觉得，让3岁前的宝宝分担家务不现实。其实，让孩子做家务不在于做多少，而在于培养他分担家务的意识。3岁的宝宝可以做很多事情，比如，摆筷子、擦自己的小椅子、收拾自己的玩具等。让3岁的宝宝做家务，主要是培养宝宝做家务、帮助父母分担劳动的习惯，从而从行动上践行对父母的爱。

2. 及时肯定，强化宝宝的体贴行为

如果宝宝有了体贴妈妈的行为，一定要及时肯定，让宝宝知道妈妈很喜欢他这样做，他这么做妈妈特别开心，这样宝宝今后就乐于去做这样的事情。如果妈妈的肯定带有评价性质，还能提高孩子的荣誉感，懂得孝顺妈妈是一种美德。

当妈妈在厨房忙碌，宝宝进来要帮忙的时候，我们可以给宝宝安排一些小任务，比如，择菜，当宝宝认真做的时候，我们可以说："宝宝懂事了，知道帮助妈妈干活儿了！"这样，宝宝就会逐渐养成体贴父母的好习惯。

宝宝天性：喜欢小动物

有位年轻的妈妈担心自己的女儿长大了没有爱心，于是想给女儿养一只宠物狗，以便使女儿在成长过程中早早就建立起和小动物的感情，并发展出同情心和爱心。

晴晴2岁半，一天，坐在沙发上对着家里的鱼缸发了会儿呆。妈妈看到晴晴准备拿自己的小被子盖鱼缸，于是问："你这是干什么？"晴晴说："这房间太冷了，小鱼也会冷的，我想给它们盖被子。"妈妈说："你能关心小动物，值得表扬！"

亲近小动物

孩子天性喜欢小动物，小动物很能唤起宝宝的同情心。

美国研究人员请240位高校学生阅读一篇虚构的新闻报道。这篇报道共有4种版本，主要内容涉及一起残酷的殴打事件，文中的措辞也完全相同，而每一版本中受害者的身份不同：一个婴儿、一个三十几岁的成年人、一只幼犬和一只6岁的成年狗。然后让这些学生讲述自己的阅读感受。结果显示，最能赢得同情心的角色是受到虐待的婴儿，因为婴儿的自我保护能力远低于成年人，最容易被同情。

我们提倡让宝宝养育小动物，除了小动物自身保护能力差，能够唤起宝宝的同情心外，还在于小宠物也具有同情心。养过宠物的人都知道，宠物也能懂主人的情绪，可以陪着主人一同高兴、一同悲伤。

现在的孩子大部分是独生子女，特别需要心灵上的朋友，伤心、寂寞的时候能够有个伙伴倾诉一下，开心的时候一起欢笑，让自己的童年生活更加美好。

★带孩子安全地和小动物亲密接触

两三岁的宝宝虽然知道小动物有生命，但是却不知道自己的一些做法会伤害小动物。为了不让宝宝伤害小动物，将来能够独自饲养小动物，家长要在这个年龄教孩子安全地与小动物亲密接触。

1. 看动物，培养孩子跟动物的感情

宝宝看动物的途径很多，可以去动物园看，去有小动物的亲戚朋友家看，在电视上看动物节目，从而了解动物，爱上动物，保护动物。

2. 选择小动物前，考虑周全

3岁以内的宝宝还不懂得如何好好地照顾小动物，但是会在妈妈的指导下给小动物喂食，但妈妈也有顾虑，宝宝年龄还小，抵抗力低，小动物的皮毛里很容易滋生细菌，宝宝常和小动物接触就容易被传染。如果小动物爪子比较锋利、脾气比较暴躁，宝宝不懂事还容易受伤。所以，对于小宝宝，最好先不要养猫、狗、小白兔之类的动物，可以先养一些鱼类动物。

3. 防止宝宝伤害小动物的方法

小宝宝有时很淘气，闹脾气的时候可能会用东西砸、用小棍子敲打小动物。我们可以使用下面的方法进行应对。

方法一：不跟你玩儿

如果宝宝伤害了小动物，我们要告诉他，小动物有生命，被伤害的时候也会痛。谁伤害了它，它就不愿意跟谁玩儿了，见了谁就会躲开。孩子可能不明白，怎么才算是弄痛了小动物。我们要告诉他，当小动物嗷嗷叫、扭动身体、用力挣脱主人的手臂时，都表明小动物不舒服了，在抗议，要赶紧松手。

方法二：送人

宝宝伤害小动物，可能是出于淘气、好奇，想看一下打小动物后它有什么反应。出现这种情况时，父母应及时制止，告诉宝宝："小动物会疼的，如果你不爱护它，我就把它送给别人。"

4. 领着宝宝去放生

放生是一种很好地把同情心转化成行动的行为，孩子能够从中体验到生命的神圣。选择一个好天气，带上孩子一起去放生，会让孩子感受到关爱小动物的乐趣。

会向小伙伴表达友爱

一天，有个小男孩和爸爸一起玩儿，这时，过来一个小朋友，可能是幼儿园的同学，那个小朋友热情地跟小男孩打招呼，谁知，小男孩一声不响。爸爸觉得儿子没礼貌，就说："小朋友喊你呢！"小男孩抬头说："我不喜欢他，他脸上有一颗大大的痣，太难看了！"

爸爸听到儿子这么说，就对儿子说："一个好孩子应该友好地对待自己的伙伴，你刚才那样说，你的同学肯定很伤心，你赶紧去向他道歉！然后，我带你们一起去玩儿。"听了爸爸的话，小男孩去向同学道歉了。

这是一位明显缺乏同情心的孩子，爸爸没有发觉。

爱心的高尚境界：友爱

一位专家做过一项调查，调查对象是幼儿园里穿得较多的小朋友，项目内容是向其借衣服给穿得少的同学穿。得到的结果是，大多数的孩子都不借，理由很简单，就是不关我的事。这在一定程度上反映出现在的孩子缺乏友爱精神。

孩子的行为方式是大人行为和教育方式的折射与反映，如果孩子的行为表现得不够友善，可能是父母在教育孩子的过程中不够重视培养孩子的爱心，在孩子的心中没有构筑友善的道德观。

我们希望孩子生活幸福，而幸福需要朋友。友爱是获得朋友、保持友情的交往方式。充满友爱地对待朋友，能够获得更多的友谊，让自身的精神世界更加丰满，获得更多的幸福感。

法国作家雨果说："亲善产生幸福，文明带来和谐。"如果能够静下心来看看小蚂蚁或许能够受到教育。当大雨倾盆而下的时候，它们会聚拢到一起抱成团，成功转移到安全的地方，避免了灭顶之灾。从这一点来讲，每只蚂蚁都是高贵的，每只蚂蚁都有一群高贵的朋友。

如果我们想要自己的孩子将来幸福，就要教会孩子友爱对人。3岁前的宝宝，已经具备了友爱的能力，此时教孩子友爱对人正是时候。

★以友爱的态度对待他人

要想宝宝很好地与小伙伴交往，成为被小伙伴喜欢的孩子，我们就要教会孩子友爱对人。

1. 父母对人友爱，宝宝对人友爱

3岁前的孩子是直观行动思维，而且父母就是他眼里的权威和标准，父母怎么做他就会怎么做。如果父母对人友爱，孩子受此熏陶，也会对人友爱。

有对夫妻每次发生矛盾后，无理取闹的一方都会给另一方买一份小礼物放到对方的床头柜上，以示和解，不愉快就烟消云散了。一天，女儿拿着一个有漂亮花朵的小塑料杯要妈妈带她去小伙伴家，妈妈纳闷，去小伙伴家干吗要拿杯子呢？一问，才知道女儿是去"和解"。前一天，大家一起玩儿时女儿把人家的衣服弄脏了，对方很生气，于是女儿想到了这么一个办法。

2. 理解而不是打击小朋友的另类行为

在幼儿园里，会有一些性格比较特别的小朋友，比如，过于内向、过于淘气、长相很有特点、身材过瘦或者过胖等，这个时候，孩子们可能会孤立这些特别的孩子，给这些孩子带来痛苦。我们要告诉孩子："某某小朋友，他有些不太一样。这没有什么啊！你应该对他友爱一些，这样你就能拥有更多的朋友。"

3. 不说伤害小朋友的话

小朋友在一起，有时会说一些不中听的话，比如，说脏话、起外号、说狠话等，我们要告诉孩子，不可以对小伙伴说这些话。当孩子说了类似的话时，应该立刻制止他，事后告诉他："你这样做小朋友会很伤心，你会因此失去这个朋友，多么可惜啊！"

4. 多用礼貌用语，是对他人的尊重

和小朋友在一起，多用礼貌用语，比如，谢谢、请、欢迎你、再见等，能够带给对方欢快的心情，享受到被尊重的满足感，对增进友谊很有帮助。

5. 让宝宝明白：给予就是收获

冬日里的一个雪后晴天，琪琪和小朋友们在雪地里玩儿，你追我赶地踩雪，有个孩子不小心摔倒了，跌了个仰面朝天。其余的孩子顿时哈哈大笑，没有一个人拉他起来。那个孩子有些不好意思，哭了。妈妈让琪琪拉那个孩子起来，琪琪不愿意。妈妈问琪琪："当你摔倒爬不起来的时候，你心里会怎么想？"琪琪说："我希望别人拉我起来。"妈妈问："如果有人帮你了，你心里会有什么感受？"琪琪说："我会很感激。等他遇到困难，我一定帮忙！"妈妈说："就是！谁都会遇到困难，要想遇到困难的时候有人帮助，就要先帮助别人啊！"琪琪连忙跑过去，把那个孩子拉了起来，还掏出纸巾给他擦身上的泥土。

当别人遭遇困难需要帮助的时候，让孩子伸出援助之手，告诉孩子，自己帮助了别人，别人也会帮助自己，人与人之间就是这样互相帮助、储蓄友爱的。

Chapter 09
顺利入园，开心成长

入园是对宝宝独立性的考验和促进，是人生疆域的第一次拓展。对于身心正常的宝宝，家长任何以心疼为理由的退缩都是对宝宝成长的不负责任。只有让宝宝接受、适应，才不会为成长留下遗憾。

3岁前，不要把宝宝送幼儿园

安安2岁半了，个子高高的，比小区里大部分3岁的宝宝还高，妈妈想这么高的个子不会被欺负，于是就把安安送到幼儿园了。

早送宝宝入园的理由

有的妈妈想早些把宝宝送到幼儿园，最常见的理由有以下几种。

1. 玩儿

在哪里都是玩儿，幼儿园有专业老师看护，安全有保障，营养搭配也合理，玩耍的小朋友也多，还能学些东西，比家里好，所以去幼儿园玩儿更好。

2. 家里没人照顾

爸爸妈妈要工作，爷爷奶奶身体不好，2岁以后，宝宝更加淘气，爷爷奶奶追都追不上，而且很难请到合适的保姆，所以把宝宝送到幼儿园，家里人更省力、更省心。

3. 黏人

有的宝宝很黏人，妈妈想让他早点儿独立，提高自理能力，于是把宝宝送到幼儿园。

4. 玩伴多

有的妈妈觉得宝宝玩伴很少，不能很好地锻炼社会交往能力。如果把宝宝送到幼儿园，可以解决这个问题。

5. 早适应

有的妈妈认为早点儿送宝宝去幼儿园，可以减少宝宝的分离焦虑，让宝宝尽早适应幼儿园生活。

★ 3岁前入园的不良影响

不管妈妈有多少不得已或者美好的设想，都不能忽视过早入园对宝宝成长的不良影响。

1. 过早入园的孩子可能更富有攻击性

美国国家儿童健康和人类发育研究所的研究人员指出：婴幼儿的发育具有特殊性，他们不仅需要持续的关心，更需要协调一致的关心，这意味着与他们交流的人相对是固定的，如果幼儿园老师经常换来换去，比如老师休假、培训等，心智还不成熟的孩子是很难适应的。结果显示，那些待在幼儿园时间较长的年龄较小的孩子更容易出现打架、爱争吵等问题。

2. 容易生病

相对于较大的宝宝来讲，小宝宝的自我保护能力差，抵抗力也低，当天气变化的时候，不能适时脱穿衣服，适应力低，容易生病。当班里有生病的小朋友时，也容易被传染。

孩子年龄越小与父母分离时焦虑情绪越强烈，这种情绪会影响孩子的进食，进而会影响孩子的抵抗力，因此特别容易生病。

3. 容易引发心理问题

2岁半以下的孩子就该受到妈妈一对一的关爱，父母共同养育是最理想的方式。最先进的幼儿园也缺少妈妈一样的情感沟通。幼儿园里一个老师照顾几个孩子，无法同时满足不同孩子的不同需要：拥抱、游戏、聊天、喝奶、撒尿、呵护等。当孩子的需要得不到回应和满足时，他们会感到孤独。

英国剑桥大学著名心理学教授兰姆和同事在3000名幼儿中展开了研究，结果发现，入园后前9个月儿童体内的应激激素——皮质醇的水平是未入园的同龄孩子的2倍，说明上幼儿园的幼儿年龄越小，压力值就越大，压力积聚久了就容易引发心理问题。

澳大利亚儿童教育专家、著名的临床医学家史蒂夫·比杜尔夫就提出警告说，宝宝太小，心智发展不够成熟，语言发展有局限性，不会调节情绪，这些问题容易导致孩子产生心理负担，羞于与人交往。

如何选择一所合适的幼儿园

孩子3岁，到了上幼儿园的年纪。每到这个时候，妈妈就开始为孩子选择幼儿园的事情而发愁。幼儿园有很多，似乎都不错，又好像都有那么一点点的不尽如人意，所以选择哪一所幼儿园成了妈妈的一块心病。

好幼儿园的几个主要条件

幼儿园是宝宝离开家庭走入社会的第一站，在这里他们不仅仅学习知识，也会和老师以及同龄的小朋友在一起游戏、吃饭、休息，宝宝能否快乐度过，跟幼儿园的硬件、软件都有一定的关系。

现在的幼儿园很多，它们都各有特色。有的幼儿园是双语幼儿园，每个班级配备一名英语老师；有的幼儿园具有体育特色，孩子在体育方面可以受到良好的启蒙教育；有的幼儿园特别注重孩子的才艺，音乐、书画等；还有的幼儿园很贴心，对孩子的饮食照顾得特别好。

一次就选好幼儿园，可以避免宝宝建立起安全感后再换幼儿园带来的挫折感。挑选幼儿园主要看以下几个条件。

1. 公办、正规幼儿园是重要条件

公办幼儿园一般比较正规，这类幼儿园开班时间久，严格按照国家的教学大纲开展教学工作，才艺发展能力也强，学费也相对公道。

只不过这类幼儿园大都划片入学，需要具备一定条件才能入学。

2. 离家近是一项重要条件

离家近是一项很重要的条件，离家近意味着早上出门晚些，起床晚些，孩子可以睡得多一些，父母也不会太累。离家近的幼儿园，很可能班里有宝宝的小伙伴，可以帮助宝宝减轻分离焦虑和心理上的不适应，减少刚刚入园的孤独感。

3. 幼儿园的规模很关键

有些幼儿园因为受场地限制等无法达到示范园的标准，但是办学严谨、教师工作踏实、服务意识强，这样的幼儿园也非常值得选择。

但是，有一类幼儿园，虽然对宝宝照顾得很尽心，但教育跟不上去，比如，不能培养宝宝良好的学习习惯和交往能力，不懂得宝宝的心智发展等，这类幼儿园再方便、安全性再高，也不是首选。

4. 尽量不选全托幼儿园

进入幼儿园学习是宝宝社会化的一个重要过程，促进了宝宝的身心独立。通过入园锻炼，宝宝的生活自理能力、心理独立能力、情绪控制能力、社会交往能力、自我控制能力等都获得了锻炼。

需要注意的是，应选择日托幼儿园，因为全托幼儿园有一个弊端，宝宝可能离开父母太久而缺乏与亲人的亲密接触，容易失去安全感和信任感。

★ 如何选到一所不错的幼儿园

当掌握了选择一所合适的幼儿园的条件时，就要开始行动了！

1. 目测、听取口碑，实地考察

家长最普遍的做法是以居住地为原点向四周辐射，把能承受的范围内的所有幼儿园集结起来，然后听听邻居、亲戚、朋友的反映，有所选择地实地考察。实地考察很重要，能够有切实的感受。

考察内容包括幼儿园是公办还是私立，幼儿园规模、安全措施、用餐条件、师资力量、游戏设施、才艺安排等。

2. 重点了解：师资水平和教育理念

幼儿园是宝宝踏上社会的开始，是孩子第一次离开父母进入的另一个成长环境。宝宝的心理处在非常脆弱的阶段，最需要老师的关心和爱护。老师的素质，是否负责任、有爱心、有经验，会直接影响到宝宝的成长。

家长要处理好与幼儿园老师的关系

孩子要上幼儿园了，乔乔的妈妈有些担心。媒体不断曝出宝宝被打事件，怎么能放心地把这么小的孩子交出去呢？

家长的最佳选择：信任、理解

每位家长在宝宝入园前，都是经过深思熟虑、比较筛选的，包括师资素质。既然确定了，就要相信对方，相信对方就是相信自己，也是对孩子接下来园内生活的一个美好的期许。

宝宝很多优秀品质、良好习惯的建立，需要幼儿园和家庭配合进行，如果老师在学校制定了标准，到了家里，父母不执行，孩子就很难有进步。

只有信任，才能互相理解。宝宝有什么特别情况，老师才会给予特别的关照和引导；老师有什么疏忽，家长才会谅解，整个教育过程才会驶入良性循环的轨道。

把老师当朋友：信任、理解

朋友关系是一种保持距离、互相尊重，又可以推心置腹的关系，把老师当朋友，就能充分地信任、理解整个教育过程了。

1. 尊重老师的工作

和其他工作一样，幼儿园老师也会很努力完成自己的工作。如果需要和老师沟通，要考虑到老师很忙，和老师交流前，要做好准备，然后带着问题去跟老师交流。如果在交流的过程中，老师的谈话存在不客观、不妥当的情况，可能是因为工作经验不足等，家长要多理解和包容。

2. 理解老师的不容易

将心比心，站到老师的角度去考虑，一个人每天面对几十个来自不同家庭、正处于性格发展期、有着不同行为特点的孩子，真的不容易。

3. 出现小状况，不要埋怨、责备老师

当宝宝出现一些小状况，磕了碰了，被同学欺负了，尽量不要埋怨老师照顾不周到，工作不负责。

小状况已经出了，老师本身已经很自责，对宝宝有了愧疚之情，她会吸取教训，以后加倍小心，避免自己的工作疏漏。

家长和老师形成相互信任、相互理解的良性互动关系，更有利于孩子的发展。

春季入园的小小插班生

在许多宝宝选择秋季入园的时候，有一些父母却选择让孩子在3月初插班入园。他们为什么这么选择？什么样的宝宝适合春季入园呢？

春季入园的好处和麻烦

秋季是大多数宝宝入园的日子，还有一些孩子选择在春季入园。

有的家长觉得孩子月龄小，身体弱，心智没有达到其他同年龄孩子的水平，担心被欺负或者跟不上，于是选择让宝宝再长几个月，在第二年春季入园。

但很多春季入园的孩子遇到了麻烦。

女孩菲菲，入园后常常哭，想妈妈，被淘气的男生看到了，取笑她："不害臊！羞！羞！羞！""爱哭精，就爱哭！"搞得菲菲特别委屈，都不想去幼儿园了。

女孩菊菊，入园后玩游戏时不能很好地结组，搞得她都不想游戏了。别人玩儿的时候，她躲到一边站着。妈妈发觉情况不对，问了几次，菊菊才说出了原因："小朋友说我是新来的，一分组做游戏，他们都找熟人去了，把我一个人丢下……”

男孩波波，比较内向，做幼儿体操时，怎么也学不会。小朋友看他笨手笨脚的样子哈哈大笑。波波一到幼儿园就担心集体活动，日子过得很煎熬，他总是找各种理由不去幼儿园。

当孩子遇到以上情况的时候，父母强行把他送到幼儿园，他也不能快乐地学习，日子过得不愉快，会影响孩子的身心发育。

★帮助孩子改变插班生的地位

孩子入园后，妈妈需要给孩子一些特别的关照，他才能尽快改变小小插班生的角色。当孩子和其他孩子一样学习、游戏、交往的时候，小朋友就不会对他另眼相看了。

1. 给宝宝请个“保护神”

当孩子入园后，妈妈就跟老师沟通一下，让老师关照一下宝宝。在此基础上，由老师为孩子指定一个情绪稳定、有号召力的小伙伴当“保护神”，这样，当宝宝哭泣、伤心、被欺负、没人带着玩儿的时候，“保护神”就能起作用了。

2. 让宝宝突出一些

让宝宝突出一些，被老师重视，别的宝宝就不会看低这个后来的小宝宝了。如何突出呢？在课堂上或者娱乐时展现才艺，唱歌、跳舞等；给宝宝一个当“官”的机会，做组长、监督员等。

3. 帮助宝宝进入圈子

父母和老师沟通的时候，请老师在游戏分组的时候，给宝宝选一个固定的小组，这样就可以避免孩子被已经形成的相对固定的游戏伙伴圈排斥而落单。

当宝宝进入某个圈子后，妈妈就要教孩子一些交往方法，平时带一些小礼物和大家分享，小朋友不开心时陪伴一下，可以加深宝宝和大家的感情。

妈妈也要尽可能地多和其他宝宝的家长接触，如果能与同行业或同小区的家长建立交往关系，也有利于宝宝融入班级。

4. 及时弥补孩子的不足

如果宝宝在哪方面跟不上同学，妈妈要第一时间了解情况，然后跟老师学会，回到家里教会宝宝。告诉宝宝："你不笨，只是他们比你学得早，比你熟练一些。如果你练一练，也会做得同样好！"这样，宝宝就不会自卑了。

幼儿园门口“伤离别”，哭到泪崩

一到开学，幼儿园门口就上演“哭闹大战”。有的宝宝咧着嘴大哭，抱着妈妈大腿死活不撒手，妈妈皱着眉头把宝宝推进去扭身离开，宝宝拼命冲到紧闭的大门前大哭，惹得妈妈都要哭了。

被夸大了的分离焦虑

宝宝离开家，进入一个陌生的环境，和陌生人在一起吃、住、玩儿，会不适应，思念父母，导致焦虑。

哭是宝宝面对陌生环境的一种心理保护，是孩子恐惧、害怕情绪的反应，表达出来有好处。

不管孩子多么不愿意和妈妈分离，到了上幼儿园的时候，都要入园。这种情况下，就需要父母帮助孩子克服焦虑，及早适应幼儿园的生活。

宝宝到了3岁，已经具备了一定的生活自理能力、语言理解能力、情绪控制能力，能忍受一整天与父母的分离。入园是一个必然的选择。

当一些宝宝有了分离焦虑后，家长担心甚至有一些小焦虑是正常的情绪反应，如果因此乱了方寸就非常不利于宝宝入园。

有的妈妈为了不让宝宝哭泣，在幼儿园里陪伴宝宝，想着度过了焦虑期就好了，结果一些宝宝更依赖妈妈了，甚至自由活动时都黏着妈妈。

有的幼儿园应家长要求设置了观察区，宝宝在教室中上课时家长可以在不会引起宝宝注意的另一扇门后观察孩子，而当宝宝在多功能游戏室玩耍，家长则可以透过一扇半透明的大门进行观察。这么做缓解了家长的焦虑，但对于孩子效果不是很明显。特别是当家长发现孩子被欺负就忍不住出来维护时，更弱化了宝宝独立面对小朋友的能力。

宝宝入园一周左右的时间，一些宝宝会生病，感冒、发热、咳嗽、头痛、肚痛等。父母心疼宝宝就不让宝宝入园了。

一到了假期，父母就想办法弥补宝宝“被圈了五天”的痛苦，挖空心思满足宝宝玩儿、吃的要求，几天下来，宝宝又不愿意入园了。

★ 别被哭声吓到，尽快度过焦虑期

宝宝入园后，哭闹很正常，要想不被哭闹吓到，让宝宝顺利度过焦虑期，父母需要做到以下几点。

1. 了解宝宝的哭泣

生活中，父母有必要了解宝宝的几种常见哭泣表现。

第一种是不停哭泣型，即从家门口出来一直哭到幼儿园，在幼儿园还是不停哭，时而低声抽泣，时而大声啼哭，短则一周，极其个别者可能长达3个月。

第二种是哭闹型，有行为上的反抗，比如扔东西，甚至会打人、踢人、赖在地上不起来。此类孩子一般都比较外向好动，喜欢从行动上发泄不满。

第三种是默默含泪型，一般都是静静坐着，但能看出来他内心很难受，却不用行动表达，此类孩子大多数性格较内向，但并不绝对。

第四种是综合型，即兼具上述各种情形，怎么发泄舒服怎么来。

第五种是受人影响型，自己不哭，一旦其他孩子哭了，便会被带动哭起来，此类孩子一般比较有同情心，喜欢关注他人。

第六种是后哭型，即新生入园时他不哭，但等其他孩子情绪都平复了，他反而大哭起来，此类孩子一般喜欢刺激，失去入园的新鲜感后，他就会厌倦从而哭闹起来。

对于孩子的哭泣，老师有办法应对，慢慢就能改善，父母不要太在意，更利于宝宝适应园内生活。

2. 家长不要焦虑

家长努力克服分离焦虑，不要坐立不安地想着宝宝在园里的表现，而是应该平静地做自己的事情。

分离焦虑不仅是孩子才有的，离开孩子的爸爸妈妈，甚至爷爷奶奶，都会产生这种情绪。宝宝刚入园时，哭闹是很正常的事，家长应该清醒地认识到这一点，不要焦虑。而且，这段时期是为孩子建立安全感和信任感的关键期，家长应该首先克服自己这种与朝夕相处的宝宝分离的焦虑状态，到时间就必须离开，让孩子更早、更好地适应集体生活。

3. 用孩子最喜欢的玩具增加他的安全感

入园的刚开始几天，给宝宝带上他最喜欢的玩具，能够安抚其情绪，增加安全感。

4. 尽早摆脱纸尿裤

最好在入园前就教会宝宝如厕，这样，宝宝在园里的生活会更舒适、更自如。

5. 积极参加适应期课程，较早认识小朋友

很多幼儿园在正式开学前会安排几天适应期课程，每天用两三个小时让孩子来园里认识新班级、新同学和新老师，熟悉园里的生活，学会使用求助用语。家长按照园里的作息提前调整宝宝的作息习惯，可以避免宝宝赖床。

挨欺负

彬彬从幼儿园回来后说又被小朋友欺负了，这次居然还是他的好朋友小琪。看着彬彬胳膊上红红的牙齿印，妈妈心里很不是滋味："小琪为什么要咬你呢？""因为他抢我的书，我不给他看，他就咬我。"听到这里，坐在一旁的爸爸忍不住激动起来："你被人欺负也不是一两次了，有句话叫'人若犯我，我必犯人'。下次如果有人再欺负你，你就打他！"

彬彬虽然听不懂这些，但是很有原则地回了一句："老师说不能打小朋友！"惹得爸爸又急又气，却又不知如何是好。妈妈也觉得打人不对，但是一时也没有更好的办法能帮彬彬……

孩子挨欺负：是软弱还是缺少防范意识

孩子在幼儿园里挨欺负，原因很多，最常见的有以下几种。

1. 没经验，从没跟人对抗过

有的孩子不还手、不反抗，不是软弱，而是不懂。一直生活在被宠爱、缺少对抗的环境中，没有跟人对抗的经验，被欺负的时候就束手无策了。

对于这样的孩子，父母可以培训一下：“别人提出无理要求，你要果断拒绝。”“小朋友动手打人，不要怕，要强烈反抗他的无礼。”“可以把情况反映给老师和家长，由老师和家长协调。”“如果你觉得力量不够，会吃亏，爸爸可以帮你。”孩子有了反抗意识，就敢于维护自己的利益了。

2. 胆小、软弱，不敢反抗

有的孩子胆小，不敢反抗，特别是对方吓唬说：“你老实点儿，我就饶了你！”害怕反抗后会更被欺负，甚至挨打后还要讨好对方，这是典型的软弱。

3. 害怕被父母训斥

父母知道孩子挨欺负不还手，会非常生气，觉得孩子太不争气了，将来肯定没出息，就不给孩子好脸色。孩子最怕父母不喜欢，因此开始隐瞒自己被欺负的情况。这种情况最麻烦，不但逼迫孩子养成了不对父母说实话的坏习惯，还造成了孩子忍气吞声的软弱个性。

当孩子被欺负后，他的内心不会平静，一定会寻找时机跟父母说。父母除了要耐心等待外，孩子说完后，要耐心倾听、多安慰，然后通过讲故事或者举自己亲身经历的方式教孩子去反抗。

4. 自身小毛病多，不受人欢迎

有的宝宝从小娇生惯养，自我意识很强，在与小朋友交往的时候不顾及对方的感受，多次专横后就激发了某位同学的不满情绪，于是就被“武力袭击”了！

这个时候，妈妈不要同情或者纵容宝宝打回去，耐心分析一下，让宝宝看清自己被欺负的原因，教他学会尊重别人，好东西和大家分享，玩耍时要顾及别的小朋友的感受。这样，宝宝慢慢就能融洽地和同学相处了。

☆被欺负时，怎么做

孩子的思维能力有限，被欺负时，面对淘气孩子的强悍，可能会不知所措。这个时候，父母要教孩子一些对抗技巧，帮助其建立反抗意识。

1. 勇敢些，大声呼喊

被欺负不敢还手的孩子，不懂得自我保护，很容易成为淘气孩子攻击的对象。只有让孩子勇敢、坚强起来，才能避免孩子总被欺负。

父母要告诉孩子："被欺负时，如果你越是不吭声或大哭，对方就越觉得你好欺负，越会欺负你。如果你大声呼喊，冲上去警告或还击对方，对方看到了你的强大，就不会欺负你了。"

2. 以威严的态度回应嘲笑、语言挑衅

有时孩子会受到语言挑衅，比如，嘲笑他曾经犯下的某个错误，给他起外号，挖苦他等。父母要告诉孩子，遇到这种情况时，要严肃地盯着对方，申明立场："我不喜欢你这样嘲弄我。希望你以后不要这样，否则，我对你不客气！"然后离开，对对方的语言挑衅不予理睬。

独来独往、没有朋友的孩子容易受到这样的欺负，父母可以帮助孩子结交朋友，有了"盟友"，对方自然不敢轻举妄动了。

3. 寻求老师的支持

如果被欺负的事情持续发生，孩子自己解决不了，父母可以出面，向老师当面讲清，请老师帮助解决。如果碰到对方的父母，也可把事实客观地告诉他们。沟通时态度要平和，用商讨或询问的语气，一味指责只会让事情变得更糟。

4. 父母不要太较真儿

生活中，大人吵架大都包含一定的原则问题、利益关系等，而孩子之间的争吵有时类似于游戏，用不着太较真儿。

找各种理由，就为不去幼儿园

妈妈都准备好了，宁宁还在床上趴着，说是肚子疼。妈妈迅速回忆宁宁这几天的饮食情况，很有规律，肠炎？不可能！那又为什么？听儿子过分夸张的呻吟声，其中一定有阴谋！妈妈说："如果你生病了，就别去幼儿园了。明天周六，去游乐场的活动也取消，在床上趴着养肚子。"

妈妈说完，走出了房间。宁宁马上穿戴好，要去上学了。

过了入学期，逃避去幼儿园有原因

对于已经适应了幼儿园生活的宝宝来讲，如果不想去幼儿园，一定有原因。搞明白宝宝为什么不想去而不是强行把宝宝送进去，更有利于宝宝的身心健康。

1. 和朋友发生矛盾

如果宝宝和他的朋友发生矛盾，而这个朋友很有号召力，和其他小伙伴联合起来对抗宝宝，宝宝会感到孤立、无助，就不想去上学了。

2. 假期玩儿疯了

在各种假期父母都会带宝宝出去玩儿，几天下来，宝宝的心里只想着玩儿，哪里还想上学？

3. 被老师批评了

如果宝宝很淘气，不服从命令，老师很可能会批评他一顿，宝宝心里不舒服，不愿意面对老师，就不想上学了。

4. 身体真的不舒服

如果宝宝说肚子疼、头疼、腿疼等，可能不是撒谎，是身体真的不舒服。根据宝宝的身体状况和精神状态做一下判断，如果真的生病了，就要及时就医。

5. 犯懒，想在家里玩儿一天

冬天天气冷，夏天天气热，在幼儿园里要进行各种活动，可能不如待在家里舒服。特别是冬天，宝宝不愿意钻出温暖的被窝，很可能会犯懒，不愿意出门。

6. 家里有更好的活动安排

如果家里有更好的活动安排，比如，招待客人、祖辈来家里小住、有亲戚带小孩来家里玩儿、父母休假等，宝宝会很兴奋，想在家里玩儿，不想去幼儿园。

★ 让宝宝放下心理包袱，高高兴兴入园去

幼儿园是小学生活的前奏，是为宝宝能顺利地进入小学做准备。一个每天坚持去幼儿园的孩子，能较快地适应校园生活，不会叫苦，或者无缘无故地旷课、迟到、早退等。

1. 问问宝宝，为什么不想去

宝宝说不想去幼儿园，妈妈不要发脾气，可以问宝宝："怎么了？给我个理由！"如果宝宝不说，那么就告诉宝宝："不可以无缘无故地不去幼儿园。"

如果宝宝是由于生病之外的原因不想去幼儿园，妈妈要想办法解

除宝宝的顾虑和心理压力。

举个例子，宝宝和同学吵架了，不想去幼儿园。妈妈要告诉宝宝："吵架是昨天的事情，不能影响今天啊！你们是最好的朋友，不要太计较，你们仍会玩儿得很愉快的！"

2. 强行送进去

上了一两年幼儿园的宝宝，"骗过去"上幼儿园的难度已经很大。父母可以严肃一点儿，抱起宝宝就出家门，到了幼儿园，强行把他送进去。真的进入幼儿园后，宝宝一般也就不闹了。因为他清楚：大局已定，闹也没用，积极面对现实是上策。

换老师了

红红刚上中班，但是，上学不到一个星期，班里的三个授课老师全部换掉了，放学后红红就和接她的奶奶讲，她不去上学了，因为和蔼可亲的刘老师不给她上课了。

父母有信心：宝宝一定能适应新老师

换老师是一个客观现实。师资培训与建造幼儿园具有不同步性，必然导致师资力量不足，流动性大。年轻教师会因为待遇、人际关系、能力水平等在前三年频繁跳槽，一些优秀师资也会随着岗位的提升而离开。我们必须面对这样一个社会现实，才能积极应对自己孩子的反应。

换老师后，有的孩子不愿意去幼儿园，这个心理大人应该理解，但也要相信孩子一定能够接受新老师。

新老师不如原来的老师吗？事实并非如此，只是孩子小小的心里暂时不能接受一个熟悉的老师被陌生的老师所代替。

心理学上有个著名的第一印象效应，是指最初接触到的信息所形成的印象对我们以后的行为活动和评价的影响。

从进入幼儿园的第一天起，孩子心中就有了那个让他崇拜的权威。如果宝宝很喜欢前任老师，和老师关系很好，甚至很崇拜他，那么，受第一印象效应影响，就会看不到继任老师的优点，难以接纳他。

这种情况下，父母不要着急，更不能唠叨、抱怨，甚至想给宝宝换幼儿园，唯一能做的事情就是带宝宝适应新的老师。

心理学上有个著名的多看效应。20世纪60年代，心理学家查荣茨做过这样一个实验：他向参加实验的人出示一些人的照片，让他们观看。

有些照片出现了二十几次，有些照片出现了十几次，而有些照片则只出现了一两次。之后，请看照片的人评价他们对照片的喜爱程度。结果发现，参加实验的人看到某张照片的次数越多，就越喜欢这张照片。也就是说，看的次数增加了喜爱的程度。这种对某种事物越熟悉越喜欢的现象，心理学上称为“多看效应”。

新老师上任后，怎么才能让宝宝多和老师接触呢?

★ 换老师后，父母要做的工作

1. 过渡期更不能缺席

有的幼儿园会提前让新老师上岗，这样，就会有一段时间让孩子熟悉新老师，新老师带着宝宝们活动，原来的老师在一旁陪伴，配合着做一些事情，孩子们就不会对新老师感到陌生。等原来的老师离开后，孩子们已经适应了。

孩子从心理上有了充分的准备，才会慢慢接受原来老师的离开和新老师的到来。

2. 先玩儿几天

新老师上岗后，不要教授新的内容，而是复习已经学过的歌曲、舞蹈，玩孩子们最喜欢的游戏。这样，孩子们在表演，而不是学习，心理压力小，往往不会排斥新老师。

3. 父母放下不适应，培养对新老师的信任

有的父母很多虑，如果原来的老师不错，就会担心新老师会不如原来的老师。在不知道新老师水平的情况下，根本不放心把孩子交给她。父母这样的态度直接影响了孩子对新老师的接纳速度。

要想让孩子尽快接纳新老师，父母要信任老师，站到老师的角度争取孩子的心，多讲新老师的优势，即使新老师能力、经验等方面存在不足，也要在孩子面前肯定新老师。

孩子可能拿新老师和原来的老师做比较，比如："今天我跳皮筋，很卖力，老师一句话都没表扬我。如果是以前的老师一定会微笑着拍拍我的头！""哦，宝宝，老师可能没看见。这个老师也喜欢表扬小朋友。"然后，私下里跟老师沟通，让老师找机会表扬孩子一次，孩子就会逐渐接纳新老师。